职业教育工学结合一体化教学改革系列教材

AI+智能服务机器人 应用基础

主 编 谢志坚 熊邦宏 庞 春

参 编 刘 欢 王 茜 林佳鹏 肖逸瑞 周述苍 肖 姣

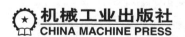

机械工业出版社

CHINA MACHINE PRESS

本书以服务机器人的传感器控制、操作系统、编程应用为主线，重点介绍了各部分的工作原理和应用方法，将知识点和技能训练的重点与难点分解到各任务中，内容深入浅出、通俗易懂。全书共分为7个项目：服务机器人整体认知、ROS机器人操作系统的认知、智能图像检测编程与调试、智能语音交互编程与调试、服务机器人底盘控制与调试、机器人实时地图构建与导航和机械臂的控制与调试。

本书适合作为职业院校服务机器人控制及应用专业、机器人专业、自动控制专业的教材，也可供智能服务机器人设计爱好者参考与使用。

图书在版编目（CIP）数据

AI+智能服务机器人应用基础 / 谢志坚，熊邦宏，庞春主编 . — 北京：机械工业出版社，2020.9（2025.1 重印）

职业教育工学结合一体化教学改革系列教材

ISBN 978-7-111-66174-0

Ⅰ.①A…　Ⅱ.①谢…②熊…③庞…　Ⅲ.①智能机器人—职业教育—教材　Ⅳ.① TP242.6

中国版本图书馆 CIP 数据核字（2020）第 132879 号

机械工业出版社（北京市百万庄大街 22 号　邮政编码 100037）

策划编辑：王晓洁　责任编辑：王振国

责任校对：赵　燕　封面设计：严娅萍

责任印制：张　博

北京雁林吉兆印刷有限公司印刷

2025 年 1 月第 1 版第 4 次印刷

184mm × 260mm · 12.5 印张 · 312 千字

标准书号：ISBN 978-7-111-66174-0

定价：55.00 元

电话服务　　　　　　　　网络服务

客服电话：010-88361066　机 工 官 网：www.cmpbook.com

　　　　　010-88379833　机 工 官 博：weibo.com/cmp1952

　　　　　010-68326294　金 书 网：www.golden-book.com

封底无防伪标均为盗版　机工教育服务网：www.cmpedu.com

前言 Preface

　　人工智能能够在很大程度上提高工业、生活、研究等领域的效率，而服务机器人涵盖机器视觉、智能语音、地图构建、自主导航等技术，这些技术都是人工智能的实现方式。利用服务机器人，能很好地完成人机之间的交互、数据通信与处理，所以服务机器人是人工智能技术天然的载体。

　　本书以服务机器人的传感器控制、操作系统、编程应用为主线，重点介绍各部分的工作原理和应用方法，将知识点和技能训练的重点与难点分解至各任务中，内容深入浅出、通俗易懂。全书共分为 7 个项目：

　　项目 1　服务机器人整体认知：介绍了机器人技术的发展和服务机器人的构成。

　　项目 2　ROS 机器人操作系统的认知：介绍了 ROS 的基本命令、launch（格式）文件使用、话题通信机制和服务通信机制。

　　项目 3　智能图像检测编程与调试：介绍了相机标定、人脸识别、人眼检测、笑脸检测、物体位置识别和骨骼识别与跟随。

　　项目 4　智能语音交互编程与调试：介绍了语音识别、语义理解、语音合成、语音唤醒及其综合应用。

　　项目 5　服务机器人底盘控制与调试：介绍了三轮全向底盘的运动学解算和里程计优化。

　　项目 6　机器人实时地图构建与导航：介绍了 SLAM（时定位与地图构建）建图和机器人自主导航的实现。

　　项目 7　机械臂的控制与调试：介绍了机械臂的手动控制和程序控制。

　　本书由谢志坚、熊邦宏和庞春任主编，刘欢、王茜、林佳鹏、肖逸瑞、周述苍、肖姣参加编写。其中，谢志坚主编了项目 1、2、3，熊邦宏主编了项目 4、7，庞春主编了项目 5、6，刘欢、王茜、林佳鹏参与了项目 1、2、3、4 的编写，肖逸瑞、周述苍参与了项目 5、6、7 的编写。肖姣参编了项目 7。

　　在本书编写过程中，得到了广州市机电技师学院智能控制系人工智能专研部全体专业教师、广州慧谷动力科技有限公司等的大力支持，在此表示衷心感谢！

　　另外，我们非常感谢广州慧谷动力科技有限公司为本书提供的一体化学习实验平台。其"Castle-X 机器人"平台配备了服务机器人常用的各种传感器，并且开放源码和各种 API，方便读者进行学习和应用开发（本书中所涉及的 ROS 等软件源程序以及相关开发软件等可登录 http://www.high-genius.com/page436 免费下载）。

　　限于编者水平，书中难免有疏漏和不足之处，敬请读者批评指正。

编　者

目录 Contents

项目 4　智能语音交互编程与调试

项目 5　服务机器人底盘控制与调试

项目 6　机器人实时地图构建与导航

项目 7　机械臂的控制与调试

目录 | Contents

服务机器人整体认知

随着科学技术的发展，机器人技术和人工智能技术日益成熟，人们不仅仅希望机器人能够在工厂完成固定、重复的劳作，还希望机器人能够在日常生活中为人类提供便利，于是"服务机器人"便出现在我们的视野之中。

该部分是学习服务机器人的基础部分。通过了解服务机器人的定义、发展历程、分类、应用、机械构成、控制方式和编程方式等，对认识服务机器人的应用具有重要作用。

任务 1 服务机器人的初步认识

任务概述

从机器人的定义开始，认识机器人技术以及行业的发展，了解机器人技术的发展历程，认识工业机器人和服务机器人的不同应用。

任务要求

1. 能阐述机器人的定义。
2. 能阐述机器人技术的发展历程，认识到现在机器人技术发展的方向。
3. 能阐述工业机器人和服务机器人的区别。

任务准备

预习知识链接中的内容。

知识链接

一、机器人的定义

从"机器人"这个词语诞生开始，人们就一直尝试给这个词下一个完整而准确的定义。但是，机器人技术是不断发展的，机器人的内涵越来越丰富，机器人的定义会不断改变，所以机器人的定义是发展的，不是一成不变的。在此，本书列举目前广为人们接受的定义，而这些定义也会与时俱进，不断接受补充和修改。

美国机器人协会（RIA）对机器人的定义：机器人是一种可编程和多功能，用于搬运材料、零件、工具的操作机器，或是为了执行不同的任务，其动作可以改变和可编程的专门系统。

日本工业机器人协会（JIRA）对工业机器人的定义：工业机器人是一种装备有记忆装置和末端执行器（end effector）的，能够转动并通过自动完成各种移动来代替人类劳动的通用机器。

国际标准化组织（ISO）对机器人的定义：机器人是一种自动的、位置可控的、具有编程能力的多功能机械手，这种机械手有几个轴，能够借助于可编程序操作来处理各种材料、零件、工具和专用装置，以执行各种任务。

我国对机器人的定义：机器人是一种具有高度灵活性的自动化机器，可以取代或者协助人类工作，其既可以接受人类指挥，又可以运行预先编排的程序，也可以根据人工智能技术制定的原则纲领行动。

二、机器人的发展

自古以来，人类就希望有一种装置能够自动地替代人类进行工作。据专家考证，最早提出"自动人"（最原始的机器人）的是距今约 2000 年的古希腊人赫伦。赫伦向阿基米德和欧几里得科学家学习，利用所学知识设计了各种各样由铅锤、滑车、车轮等构成的"自动人"，并且让这些"自动人"出色地完成了表演。然而，这距离公认的世界上第一台机器人的问世还有一段很漫长的岁月。1959 年，"机器人之父"约瑟夫·恩格尔伯格在充分利用德沃尔专利技术的基础上，研制出了世界上第一台真正意义上的工业机器人，取名为 Unimation（万能自动）。约瑟夫·恩格尔伯格和德沃尔认为汽车制造过程比较固定，适合采用工业机器人进行作业，于是后来他们将世界上第一个真正意义上的工业机器人应用于汽车制造生产中。

机器人的发展历程可以分为 4 个阶段，如图 1-1 所示。

三、机器人的分类

从应用环境的角度出发，可以将机器人分为工业机器人和服务机器人两大类。

工业机器人是面向工业领域的多关节机械手或多自由度的机器装置。自从 1959 年美国研制出世界上第一台工业机器人以来，机器人技术及其产品一直不断发展，现已成为柔性制造系统（FMS）、自动化工厂（FA）、计算机集成制造系统（CIMS）的重要组成部分。工业机器人的典型应用包括焊接、涂装、组装、采集、包装、码垛、运输、SMT（表面组装技术）贴片、产品检测和测试等，都具有高效性、持久性、高速性和准确性。

服务机器人是用于非制造业且服务于人类的各种机器人。从机器人的功能特点上来讲，服务机器人与工业机器人的一个本质区别在于，工业机器人的工作环境都是已知的，而服务机器人所面临的工作环境绝大多数都是未知的。按照应用领域划分，服务机器人可分为个人/家用机器人和专业服务机器人两大类。个人/家用机器人主要包括：家政机器人、娱乐机器人、残障辅助机器人、巡逻机器人等。专业服务机器人主要包括：场地机器人、专业清洁机器人、医用机器人、物流机器人、探测机器人、水下机器人，以及国防、营救和安全应用机器人等。

服务机器人的应用范围很广，主要从事清洁、娱乐、监护、安保、保养、运输、救援和探测等工作。

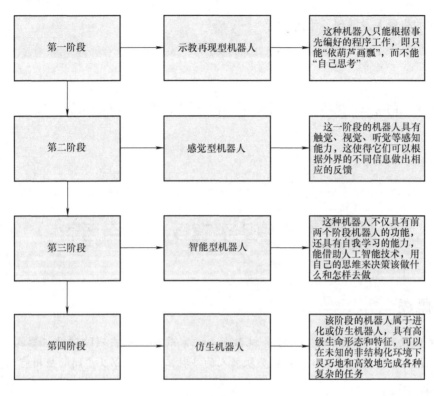

图 1-1 机器人发展的 4 个阶段

任务内容

一、我国对机器人的定义是什么？你更认同哪个定义？为什么？

二、工业机器人属于机器人发展 4 个阶段中的哪一阶段？服务机器人属于哪一阶段？为什么？

三、服务机器人与工业机器人的本质区别是什么？为什么工业机器人无法胜任服务机器人的工作？

✔ 思 考 题

1. 现在的机器人发展到了什么阶段?

2. 想象不久的将来,机器人技术会发展成什么样子,能够实现怎样的应用。

任务 2　了解服务机器人的应用场景

任务概述

　　本任务主要是了解现有的几种服务机器人——家政机器人、残障辅助机器人、物流机器人、导览机器人和特种机器人,了解服务机器人的多种工作场景以及广阔的应用空间。

任务要求

1. 能了解并阐述各种服务机器人的使用场景及功能。
2. 能了解并阐述人们对服务机器人的功能需求。

任务准备

　　预习知识链接中的内容。

知识链接

一、家政机器人

　　家政机器人是能够代替人完成家政服务工作的机器人,其中,扫地机器人的应用最为普及。扫地机器人是一种能对地面进行自动清洁的智能家用电器,一般采用刷扫和真空方式将地面杂物吸纳进自身的垃圾收纳盒,从而完成地面清理。因为它能对房间大小、家具摆放、地面清洁度等因素进行检测,并依靠内置的程序制定合理的清洁路线,具备一定的智能,所以被称为机器人。目前,扫地机器人的智能化程度虽然仍有较大的提升空间,但它作为智能家居新概念的领跑者,已经成功走进千家万户,占据着很大一部分服务机器人市场。

　　除了常见的家用扫地机器人外,具有类似功能的公共场合的清扫机器人也在慢慢走向市场，如图 1-2 所示。

图 1-2   清扫机器人

未来的家政机器人将是更加高级的人工智能策略以及更多功能的集成，将朝着"机器人管家"的方向发展，完美地为人类提供家政服务。

二、残障辅助机器人

残障辅助机器人即为帮助那些身体功能缺失或丧失行动能力的人实现独立生活的一类机器人，例如行走辅助机器人、交流辅助机器人和沐浴辅助机器人等。

Human Support Robot 是丰田公司目前已经投入使用的一款护理机器人。Human Support Robot 高约 1.2m，头部配备微型计算机，其中配备了各种摄像头和传感器，能够通过语音或者平板控制器进行控制。使用前，需要为 Human Support Robot 写入各种命令选项，如喝水、开门等，并在相应的物品上贴上配套的二维码。设定完毕之后，就可以通过语音或平板控制器驱使 Human Support Robot 自动识别物体，并通过可伸缩的折叠臂和柔软的机械手执行对应指令，例如递送水，如图 1-3 所示。

Welwalk WW-1000 机器人为丰田旗下一款行走辅助机器人，主要用于帮助失去行动能力的老人或残障人士重获步行能力。该机器人主要由监控器、走步机以及机械腿三部分组成，如图 1-4 所示。

图 1-3   护理机器人

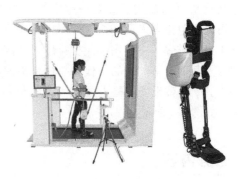

图 1-4   行走辅助机器人

三、物流机器人

物流机器人是指用于运输、储存、装卸、搬运、流通加工、配送、信息处理的机器人，包括无人车、无人机、配送机器人、仓储机器人等。另外，目前还有能实现室内导航、具备电梯操控等功能的室内配送机器人，该款机器人也比较受欢迎。

配送机器人是智慧物流体系生态链中的终端，面对的配送场景非常复杂，需要应对各类路面、行人、交通工具以及用户，进行及时有效的决策。这就需要配送机器人具备优秀的外界感知和自主决策的能力。

2017 年 6 月，京东配送机器人从中国人民大学的"京东派"校园旗舰店出发，穿梭在校园的道路间，自主规避障碍和往来的车辆、行人，将货物安全送达目的地，并通过 APP（应用程序）信息、手机短信等方式通知客户货物送达的消息。客户输入提货码打开配送机器人的货仓，即可取走自己的包裹，如图 1-5 所示。

图 1-5　配送机器人

四、导览机器人

导览机器人集合了语音识别技术和智能运动技术，通过完成一些服务类的动作和人机语音交互，为使用者提供导向指引服务。目前，该类机器人已经比较常见，比如银行大堂、酒店大厅常见到此款机器人。除了比较简单的交互功能之外，现在还出现了可以实现指路及跟随（通过人脸识别和导航进行指路）等功能的机器人，也有不少机器人可以实现酒店的导览和室内配送。另外，现在很多餐厅为吸引顾客用机器人送餐、跳舞助兴，也成为了餐厅营业的亮点。导览机器人如图 1-6 所示。

图 1-6　导览机器人

五、特种机器人

特种机器人是指用于危险环境下，能够完成排爆、救援等工作的机器人。世界上许多国家，尤其是发达国家，都在研制军用机器人、排爆机器人和消防机器人等，让机器人替代人类完成危险的工作，最大限度地保证救援人员的安全。

排爆机器人是用于处置或销毁爆炸可疑物的专用机器人，可以避免排爆人员伤亡。排爆机器人可在多种复杂地形条件下进行排爆，一般用于代替排爆人员搬运、转移爆炸可疑物品及其他有害危险品；代替排爆人员使用爆炸物销毁器销毁炸弹；代替现场安检人员进行实地勘察，实时传输现场图像，如图 1-7 所示。

图 1-7　排爆机器人

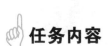
任务内容

一、家政机器人应用的场景为＿＿＿＿＿＿＿＿＿＿＿＿，残障辅助机器人应用的场景为＿＿＿＿＿＿＿＿＿＿＿＿，物流机器人应用的场景为＿＿＿＿＿＿＿＿＿＿＿＿，导览机器人应用的场景为＿＿＿＿＿＿＿＿＿＿＿＿，特种机器人应用的场景为＿＿＿＿＿＿＿＿＿＿＿＿。

二、不同应用场景中服务机器人的外观及功能设计都各不相同，相比于人类，为场景应用专门设计的服务机器人有哪些优势？

三、请你构想一个服务机器人的应用场景，设计一个服务机器人用于实现该场景应用，并思考该服务机器人应具备的功能。

✔ 思 考 题

1.除了以上几种服务机器人类型外，还有怎样的服务机器人会应用到人们的生活之中？

2.你在生活中使用过服务机器人吗？在与服务机器人交互的过程中，你认为服务机器人有什么需要改进的地方？

任务 3　认识服务机器人的构成

✎ 任务概述

本任务学习常见的服务机器人系统的构成，了解常见的控制系统、感知系统、执行机构、动力系统和移动机构。

☞ 任务要求

能掌握常见服务机器人系统的构成。

✿ 任务准备

预习知识链接中的内容。

✍ 知识链接

服务机器人可以划分为 5 个部分：控制系统、感知系统、执行机构、动力系统和移动机构（图 1-8）。

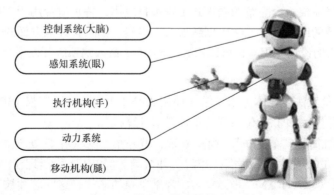

```
控制系统(大脑)
感知系统(眼)
执行机构(手)
动力系统
移动机构(腿)
```

图 1-8　服务机器人的基本组成

对于一个服务机器人来说，控制系统是"大脑"，负责接收各传感器传来的信息，做出决策，并发出控制信号，告诉机器人上的执行部件该怎么运动；感知系统相当于"眼睛""耳朵""鼻子"等器官，负责获取环境中的各种信息；执行机构相当于机器人的"手"，负责实现服务机器人的主要功能，也就是说，服务机器人的主要功能取决于机器人上所搭载的执行机构；动力系统决定了机器人获得运动能量的方式；移动机构是机器人的"腿"，"腿"的结构、运动方式会直接影响机器人的运动方式和运动效果。

一、控制系统

控制系统分为控制器和编程软件/语言两部分。

（一）控制器

1. NI myRIO

NI myRIO 是美国国家仪器（NI）公司针对教学和学生创新应用而推出的嵌入式系统开发平台。NI myRIO 内嵌 XilinxZynq（赛灵思公司推出的可扩展处理平台 Zynq 系列）芯片，使学生可以利用双核 ARM Cortex-A9（处理器）的实时性能以及 Xilinx FPGA（赛灵思公司芯片）的可定制化 I/O（输入/输出），学习从简单嵌入式系统开发到具有一定复杂程度的系统设计。

NI myRIO 有以下特点：

（1）入门简单　完善的安装和启动引导界面可使用户更快地熟悉操作，帮助用户学习众多工程概念，完成设计项目。

（2）使用方便　通过实时应用、FPGA（芯片）、内置 WiFi（无线网络）功能，学生可以远程部署应用，"无头"（不需连接控制计算机）操作。3 个连接接口 [2 个 MXP（插件的扩展名）和 1 个与 NI myDAQ（用于数据采集的实验器仪器）接口相同的 MSP（网络运作中心）端口] 负责发送、接收来自传感器和电路的信号，以支持学生搭建的系统。

（3）资源丰富　共有 40 条数字 I/O（输入/输出）线，支持 SPI（串行外设接口）、PWM（脉冲宽度调制）输出，正交编码器输入，UART（通用异步收发传输器）和 I^2C（一种简单、双向二线制同步串行总线），以及 10 个模拟输入、6 个模拟输出，方便连接并通过编写的程序控制各种传感器及外围设备。

（4）安全可靠　直流供电，供电范围为 6~16V；可根据用户特点增设特别保护电路。

（5）开发便捷　NI（美国国家仪器）公司提供默认的 FPGA（芯片）程序，用户在较短时间内就可以独立开发完成一个完整的嵌入式工程项目应用，特别适合用于控制、机器人、机电一体化、测控等领域的课程设计或学生创新项目。当然，如果有其他方面的嵌入式系统开发应用或者是一些系统级的设计应用，也可以用 NI myRIO（嵌入式系统开发平台）来实现。

2. STM32

STM32 单片机是意法半导体（ST）公司使用 ARM[半导体知识产权（IP）提供商] 公司的 Cortex（处理器）核心生产的 32 位系列的单片微型计算机。

单片微型计算机简称"单片机"。简单来说，就是集 CPU（中央处理器）、RAM（内存）、ROM（只读内存）、I/O[输入输出设备（串口、并口等）] 和中断系统于同一芯片的高度集成元器件。在计算机中，CPU、RAM、ROM、I/O 都是单独的芯片，这些芯片被安装在一个主板上就构成了计算机主板，进而组装成计算机。而单片机是将这所有的东西集中在了一个芯片上，组成一个完整的微型计算机系统，故称为"单片机"。

STM32（单片机）使用主流的 Cortex（处理器）内核，性能优越，超低功耗，高性能，且产品极其丰富（数百款产品），其多样化的产品阵容覆盖各种应用，可满足不同需求。优越的性能、丰富的功能和极高的性价比使得 STM32 的应用十分广泛，目前在工业控制、通信领域、物联网、车联网等各行各业的应用数不胜数。

3. ARM

ARM 处理器（Advanced RISC Machines）是 ARM[半导体知识产权（IP）提供商] 公司开发的 RISC 处理器，目前已遍及工业控制、消费类电子产品、通信系统、网络系统、无线系统等各类产品市场。

ARM（处理器）开发板是以英国 ARM 公司的内核芯片为 CPU（中央处理器），附加其他外设的嵌入式开发板。由于 ARM 公司的经营模式是以出售芯片设计技术的授权获利，所以 ARM 技术普及非常迅速，基于 ARM 的产品也不断推陈出新，一系列的 ARM 开发板也包括其中。基于这些开发板也可以开发出完整的机器人系统。

4. 树莓派

树莓派（Raspberry Pi，简写为 RPi 或 RasPi）是一款基于 ARM（处理器），外观只有银行卡大小的微型计算机，其系统基于 Linux（操作系统）。

只要连接上需要的外设，例如键盘、显示屏，树莓派就可以具备所有计算机的基本功能，比如执行处理电子文档、玩游戏、播放视频等功能。因此，在树莓派这个微型计算机上编写机器人程序是可行的，连接上相应的硬件便可以搭建起完整的机器人系统了。

5. 可编程序控制器（PLC）

可编程序控制器（Programmable Controller）经历了可编程序矩阵控制器 PMC、可编程序顺序控制器 PSC、可编程序逻辑控制器 PLC Programmable Logic Controller 和可编程序控制器几个不同时期。但是，为了与个人计算机（PC）相区别，现在仍然沿用 PLC 作为可编程序控制器的简写。

PLC 实质是一种专用于工业控制的计算机，其硬件结构基本上与微型计算机相同，由电源、中央处理单元 (CPU)、存储器、输入输出接口电路、功能模块和通信模块等部分组成。

PLC 采用一类可编程序的存储器，用于其内部存储程序，执行逻辑运算、顺序控制、定时、计数与算术操作等面向用户的指令，并通过数字或模拟式输入 / 输出控制各种类型的机械或生产过程。

PLC 多用于工业领域，目前在服务机器人上的应用最常见的就是各种工业 AGV（自动导引）车。

（二）编程软件 / 语言

1. LabVIEW

LabVIEW（Laboratory Virtual Instrument Engineering Workbench）是一种程序开发环境，由美国国家仪器（NI）公司研制开发，类似于 C 语言（集成开发环境）和 BASIC 语言（集成开发环境）开发环境。LabVIEW 与其他计算机语言的显著区别是：其他计算机语言都采用基于文本的语言产生代码，而 LabVIEW（成簇开发环境）使用的是图形化编辑语言——G 语言（图形化的程序语言）编写程序，产生的程序是框图的形式。LabVIEW 软件是 NI（美国国家仪器）设计平台的核心，也是开发测量或控制系统的理想选择。LabVIEW 开发环境集成了工程师和科学家快速构建各种应用所需的所有工具，旨在帮助工程师和科学家解决问题、提高生产力和不断创新。

与 C 语言和 BASIC 语言一样，LabVIEW 也是通用的编程系统，有一个完成任何编程任务的庞大函数库。LabVIEW 的函数库包括数据采集、GPIB（通用接口总线）、串口控制、数据分析、数据显示及数据存储等。LabVIEW 也有传统的程序调试工具，如设置断点、以动画方式显示数据及其子程序（子 VI）的结果、单步执行等，便于程序的调试，如图 1-9 所示。

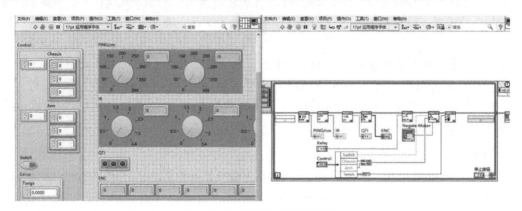

图 1-9　LabVIEW 图形化编程

2. ROS

ROS（Robot Operating System）是一个机器人软件平台，一个适用于机器人的开源的元操作系统。它提供了操作系统应有的服务，包括硬件抽象、底层设备控制、常用函数的实现、进程间消息传递，以及包管理；还提供了用于获取、编译、编写和跨计算机运行代码所需的工具和库函数。

ROS（机器人操作系统）支持 C++、Python 等多种开发语言，同时采用了松耦合设计方法。松耦合设计方法是指 ROS 在运行时由多个松耦合进程组成，每个进程称为节点（Node），所有节点可以运行在一个处理器上，也可以分布式运行在多个处理器上。在实际使用时，这种松耦合的结构设计可以让开发者根据机器人所需功能灵活添加各个功能模块。开发者可以用 ROS 的基础框架配合选定的功能包快速搭建机器人系统原型，从而让开发人员将更多时间用于核心算法的开发改进上。这样就极大地降低了机器人开发的准入门槛，也加快了机器人核心算法的开发速度。因此，除了官方提供的功能包之外，ROS 还聚合了全世界开发者实现的大量开源功能包。ROS 机器人仿真界面如图 1-10 所示。

图 1-10　ROS 机器人仿真界面

3. C 语言

C 语言是一种面向过程的、应用广泛的通用计算机编程语言。C 语言的设计目标是提供一种能以简易的方式编译、处理低级存储器、产生少量的机器码以及不需要任何运行环境支持便能运行的编程语言。

C 语言是一种优越的高级语言，同时具备了高级语言的基本结构和语句与低级语言的实用性。C 语言还是一种结构式语言，代码与数据是分隔开的，即程序的各个部分除了必要的信息交流外彼此独立。另外，C 语言以函数形式提供给用户，这些函数可方便地调用，并具有多种循环、条件语句控制程序流向，从而使程序完全结构化。语言的结构化可使程序的层次清晰，便于使用、维护以及调试。

尽管 C 语言提供了许多低级处理的功能，但以一个标准规格写出的 C 代码几乎不加修改就可用于多种操作系统，如 Windows、DOS 和 UNIX 等，因此 C 语言有着良好的跨平台性，如图 1-11 所示。

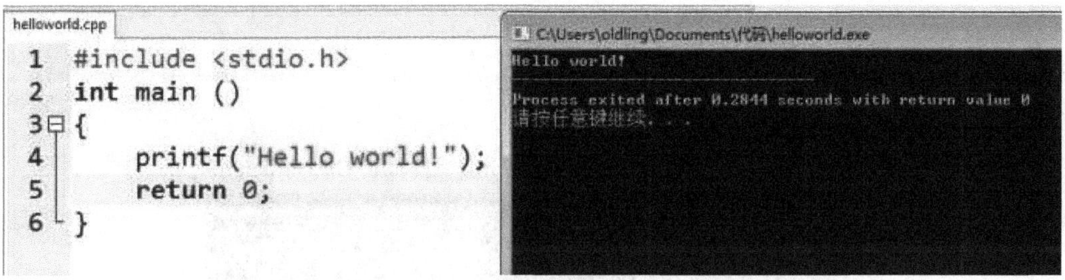

图 1-11　C 语言

4. C++ 语言

C++ 语言是 C 语言的继承，它既可以进行 C 语言的过程化程序设计，又可以进行以抽象数据类型为特点的基于对象的程序设计，还可以进行以继承和多态为特点的面向对象的程序设计。C++ 语言应用非常广泛，常用于系统开发、引擎开发等应用领域，支持类、封装、继承、多态等特性。C++ 语言灵活，运算符的数据结构丰富，具有结构化控制语句，程序执行效率高，而且同时具有高级语言与汇编语言的优点。C++ 语言擅长面向对象程序设计的同时，还可以进行基于过程的程序设计。

C++ 语言是对 C 语言的扩充，从 Simula 语言（面向对象程序设计语言）中吸取了类，从 ALGOL 语言（算法语言）中吸取了运算符的多用、引用和在分程序中任何位置均可说明变量的功能；综合了 Ada 语言（计算机程序设计语言）的类属和 Clu 语言（编程语言）的模块特点，形成了抽象类；从 Ada、Clu 和 ML 等语言吸取了异常处理；从 BCPL 语言（面向过程的高级语言）中吸取了用 "//" 表示注释。C++ 语言保持了 C 语言的紧凑灵活、高效以及移植性强等优点，它对数据抽象的支持主要在于类概念和机制，对面向对象风范的支持主要通过虚拟机制函数实现。C++ 语言有数据抽象和面向对象能力，运行性能高，加上 C 语言的普及，并且从 C 语言到 C++ 语言的过渡较为平滑，以及 C++ 语言与 C 语言的兼容程度可使数量巨大的 C 语言程序方便地在 C++ 语言环境中使用，使 C++ 语言在短短几年内能流行，如图 1-12 所示。

5. Python

Python 语言是一种面向对象的解释型计算机程序设计语言。Python 语言的一个明显特点是具有丰富和强大的库。它常被昵称为"胶水语言",能够把用其他语言制作的各种模块(尤其是 C 语言 /C++ 语言)很轻松地链接在一起,这意味着当你需要实现一些基本功能时不必"重新发明轮子"。常见的一种应用情形是,使用 Python 语言快速生成程序的原型(有时甚至是程序的最终界面),然后对其中有特别要求的部分,用更合适的语言改写。比如 3D(三维)游戏中的图形渲染模块,性能要求特别高,就可以用 C/C++ 语言重写,而后封装为 Python 可以调用的扩展类库。

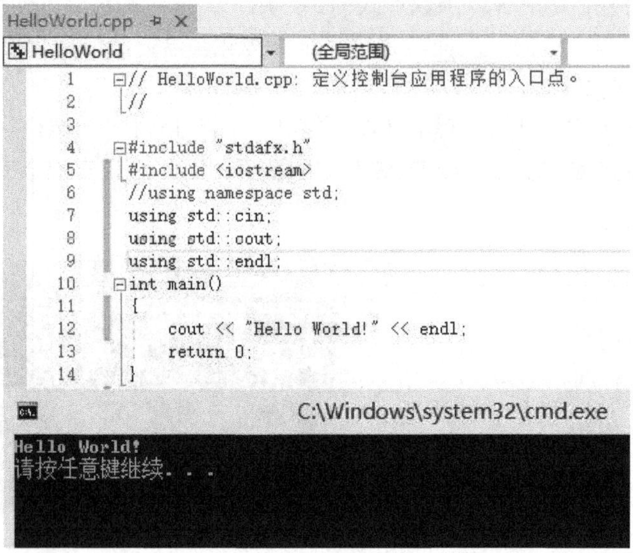

图 1-12　C++ 语言

近年来,尤其在机器人领域,Python 语言应用的热度越来越高,其中一个原因是 Python 语言是 ROS(机器人操作系统)中的一种主要编程语言,如图 1-13 所示。

图 1-13　基于 Python 的人脸识别程序

6. PLC 标准编程语言

PLC 有 5 种标准编程语言：梯形图（LD）、指令表（IL）、功能模块图（FBD）、顺序功能流程图（SFC）和结构化文本语言（ST）。

（1）梯形图　梯形图是 PLC 程序设计中最常用的编程语言，是在常用的继电器与接触器逻辑控制基础上简化而来的，故与电气操作原理图相对应，具有直观性和对应性。梯形图由若干阶级构成，自上而下排列，每个阶级起于左母线经过触点和线圈，最后止于右母线。其中，左、右母线类似于继电器与接触器的控制电源线，输出线圈类似于负载，输入触点类似于按钮。

由于电气设计人员对继电器控制较为熟悉，他们在使用梯形图编程时也比较得心应手，因此梯形图便得到了广泛欢迎，成为应用最多的 PLC 编程语言，如图 1-14 所示。

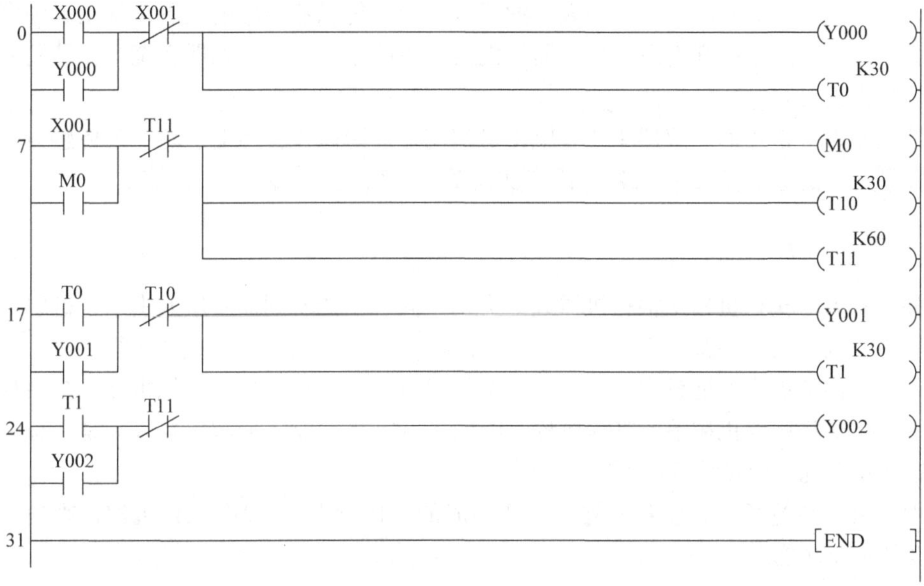

图 1-14　梯形图

（2）指令表　指令表编程语言是与汇编语言类似的一种助记符编程语言，和汇编语言一样由操作码和操作数组成。指令表采用助记符来表示操作功能，容易记忆，便于掌握。在手持编程器的键盘上采用助记符表示，便可在无计算机的场合进行编程设计。同时，指令表编程语言与梯形图编程语言图——对应，在 PLC 编程软件下可以相互转换。

（3）功能模块图　功能模块图是与数字逻辑电路类似的一种 PLC 编程语言。这种语言采用功能模块图的形式来表示模块所具有的功能，不同的模块代表不同的功能。

功能模块图以图形的形式表达功能，直观性强，容易理解，在调试规模大、控制逻辑关系复杂的控制系统时能够清楚地表达功能关系。

（4）顺序功能流程图　顺序功能流程图是为了满足顺序逻辑控制而设计的编程语言。编程时将顺序流程动作的过程分成步和转换条件，根据转换条件对控制系统的功能流程顺序进行分配，并按照功能流程顺序逐步地执行。每一步代表一个控制功能任务，用矩形框表示。在矩形框内含有用于完成相应控制功能任务的梯形图逻辑。

这种编程语言按照功能流程的顺序分配，条理清楚，避免了用梯形图对顺序动作编程时，由于机械互锁造成程序结构难以理解的问题，同时大大缩短了用户程序扫描时间。

（5）结构化文本语言　结构化文本语言用结构化的描述文本来编写程序，类似于高级语言。在大中型的 PLC 系统中，前面几种 PLC 编程语言常常难以描述控制系统中各个变量的关系，此时一般会采用结构化文本语言。

结构化文本编程语言采用计算机的描述方式来描述系统中各种变量之间的各种运算关系，可以完成复杂的控制运算。然而，相对于其他 PLC 编程语言，结构化文本编程语言直观性和操作性明显较差，对设计人员要求较高，需要有一定的计算机高级语言的知识和编程技巧。

二、感知系统

服务机器人的感知系统是由各种不同功能的传感器及其驱动电路构成的，是服务机器人用于感知周围环境情况的系统，相当于人类的五官。随着传感器技术的发展，现在有许多比人类的五官更加敏感、测量精度更高的传感器。机器人搭载着复杂的传感器系统，在某些方面的感知甚至能够超过人类。

服务机器人上常用的传感器主要有电动机编码器、防碰撞传感器、防跌落传感器、测距传感器、摄像头（视觉系统）、拾音器（语音交互系统）和激光雷达等。

三、执行机构

服务机器人的执行机构是根据机器人的类别不同、功能不同而有所差别的，是服务机器人主要功能的实现机构，即服务机器人的主要功能取决于机器人上所搭载的执行机构。例如，清扫机器人是在移动机构上搭载刷扫、吸尘装置，因而具有清扫功能；分拣机器人是在移动机构上搭载了分拣货物用的机械手或其他机构，因而具有分拣功能；迎宾机器人则是在移动机构上搭载语音交互系统、迎宾手臂机构等。

简而言之，执行机构是服务机器人主要功能的"执行者"，没有执行机构，服务机器人将不能实现其主要功能。

四、动力系统

机器人的驱动方式常见的有液压驱动、气压驱动和电动驱动，而考虑到服务机器人的可移动性和输出需求，一般的服务机器人都选用电动驱动方式。

液压驱动系统：液压驱动系统是一种以液体作为工作介质，利用液体的压力能并通过控制阀门等附件操纵液压执行机构工作的装置，是一种比较成熟的技术应用。它具有负载能力大、机构易于标准化等特点，因此适用于重型、大型机器人中。但液压驱动系统需进行能量转换（电能转换成液压能），速度控制多数情况下采用节流调速，效率比电动驱动系统低，大多用于要求输出力较大而运动速度较低的场合。此外，这种系统因存在液压密封的问题，在一定条件下有火灾危险。

气压驱动系统：气压驱动系统是以压缩气体为工作介质，通过各种元件组成不同功能的基本回路，再由若干基本回路有机地组合成整体，进行动力或信号的传递与控制。气压驱动系统具有速度快、系统结构简单、安装维护方便、无污染、价格低等特点，适合运用在中、小负荷的机器人中。但因其很难实现伺服控制，所以多用于程序控制的机械人中，如在工业机械手，上、下料和冲压机器人中应用较多。另外，气压驱动系统需要气源，而一般服务机器人要搭载气源是极其不便的。

电动驱动系统：低惯量，大转矩角、直流伺服电动机及其配套的伺服驱动器（交流变频器、直流脉冲宽度调制器）目前已经被广泛采用，这类驱动系统在机器人中的应用也十分普遍。这类系统效率高，使用方便，控制灵活；其缺点是直流有刷电动机不能直接用于要求防爆的环境中，成本也较上两种驱动系统高。但是，由于这类驱动系统优点比较突出，因此在机器人中被广泛使用。

五、移动机构

服务机器人的移动机构主要有轮式移动机构、履带式移动机构及足式移动机构，此外还有步进式移动机构、蠕动式移动机构、蛇行式移动机构和混合式移动机构，以适应不同的工作环境和场合。一般室内移动机器人通常采用轮式移动机构，室外移动机器人为了适应野外环境的需要，多采用履带式移动机构。一些仿生机器人，通常模仿某种生物运动方式而采用相应的移动机构，如机器蛇采用蛇行式移动机构，机器鱼则采用尾鳍推进式移动机构。其中，轮式的移动机构效率最高，但适应能力相对较差；而足式的移动机构适应能力最强，但其效率最低。

☞ 任务内容

一、服务机器人一般由 5 个部分构成，包括_____、_____、_____、_____和_____。

二、NI myRIO 是开发平台，内嵌芯片，其特点是_____、_____、_____和_____。

三、单片微型计算机简称"单片机"。简单来说就是集_____、_____、_____、____和处于同一芯片的器件，组成了一个完整的微型计算机系统。

四、PLC 多用于工业领域，实质是一种专用于工业控制的计算机，其硬件结构基本上与微型计算机相同，由_____、_____、_____和_____部分组成。

五、ROS 是一个_____，是一个适用于机器人的元操作系统。它提供了操作系统应有的服务，包括_____、_____、_____、_____，以及_____。它也提供用于_____、_____、编写和跨计算机运行代码所需的工具和库函数。ROS 支持_____、_____等多种开发语言，同时还采用了_____设计方法。松耦合设计方法是指 ROS 在运行时由多个松耦合进程组成，每个进程称为_____，所有节点可以运行在一个处理器上，也可以运行在多个处理器上。

六、服务机器人上常用的传感器主要有_____、_____、_____、_____和_____等。

七、机器人的驱动方式常见的有_____、_____和_____，其中_____在机器人中被广泛使用。

八、服务机器人的移动机构主要有_____、_____及_____。其中，轮式的移动机构效率_____，但适应能力相对_____；而足式的移动机构适应能力_____，但其效率_____。

✔ 思 考 题

1. 本教材使用 ROS 系统与 Python 语言进行教学，这样的选择有什么好处？

2. 不同类型的服务机器人使用不同的执行机构，想象一下：家政服务机器人应该配备怎样的执行机构？

ROS（Robot Operating System）即机器人操作系统，是如今很流行的机器人软件架构，它包含了大量工具软件、库代码和约定协议，为机器人研究提供了代码复用的支持，将搭建和控制机器人的难度大幅降低。本项目中，我们将学习使用 ROS 的基本命令，通过网络远程登录 Castle-X 机器人并学习 ROS 的核心——通信机制。

任务 1 创建 ROS 工作空间与功能包

任务概述

本任务主要是学习机器人操作系统的文件系统、工作空间的创建以及常用的命令行工具的使用方法。以通过常用的命令行工具在安装了 ROS 的计算机中创建自己的工作空间并启动 turtlesim 仿真为载体，实现本任务的学习目标。

任务要求

1. 能理解 ROS 框架，以及掌握 ROS 下文件系统的相关概念。
2. 能在 ROS 下创建一个工作空间，并且了解一个工作空间的组成。
3. 能使用 ROS 下常用的命令行工具对新建工作空间进行相应的操作。

任务准备

1. 计算机需要已经安装好 Ubuntu16.04（操作系统）或者更高版本的系统；已安装 ROS 的完整版本。
2. 计算机上正确连接键鼠接收器，可以使用鼠标和键盘进行控制操作。

📎 知识链接

一、ROS 文件系统

1. 文件系统的概念
文件系统是描述程序文件如何组织和构建的。

2. 文件系统的框架图
文件系统的框架图如图 2-1 所示。

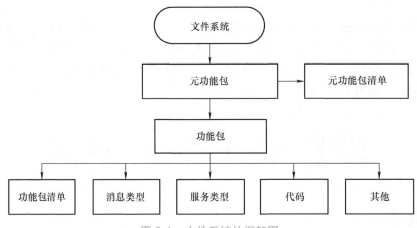

图 2-1　文件系统的框架图

3. 组成单元的功能
1）功能包清单（package manifest）：记录功能包的基本信息，包含作者信息、许可信息、依赖选项和编译标志等。

2）元功能包（meta package）：组织多个用于同一目的的功能包。

3）元功能包清单（meta package manifest）：类似于功能包清单，不同之处在于元功能包清单中可能会包含运行时需要依赖的功能包或者声明一些引用的标签。

4）消息类型（message）：消息是 ROS 节点之间发布 / 订阅的通信消息，可以使用 ROS 提供的消息类型，也可以使用 .msg（格式）文件在功能包的 msg 文件夹下自定义需要的消息类型。

5）服务类型（service）：服务类型定义了 ROS 服务器 / 客户端通信模型下的请求与应答数据类型，可以使用 ROS 提供的服务类型，也可以使用 .srv 文件在功能包的 srv 文件夹中进行定义。

6）代码（code）：放置功能包节点源码的文件夹。

二、创建 ROS 工作空间

1. 工作空间的创建
在 ROS 下创建工作空间，本质上就是将一个新建的文件夹通过 ROS 下的工具（catkin_make 编译代码）编译成 ROS 下可以搜索的文件路径，通过配置环境变量，使这个文件夹可以被用户在终端下使用的一个过程。

创建工作空间实际上就是创建一个文件夹，工作空间的名称是可以自行设定的，例如"catkin_ws""myProject_ws"（工作空间）；但要注意，要在工作空间中包含一个文件夹"src"，这个文件夹用于存放 ROS 功能包，没有创建该文件夹将导致下面的编译环节出现错误。创建工作空间和"src"文件夹的方法如下：⊖

```
$ mkdir -p <workspace_name>/src
```

2. 编译工作空间

catkin 元构建系统是为了高效构建众多相互依赖但独立开发的 CMake 项目而构建的。catkin_make 是将 cmake（代码命令）与 make（代码命令）的编译方式做了封装的指令工具，它简化了程序 cmake 编译的标准工作流程。用法如下：

```
$ catkin_make [make_targets][-DCMAKE_VARIABLES=…]
```

cmake 方式编译项目的标准流程示例：

```
$ cd <workspace_name>   # 终端路径进入到工作空间
$ mkdir build
$ cd build
$ cmake ..
$ make
$ make install # （该步骤是可选的）
```

catkin_make 方式编译项目的流程：

```
$ cd <workspace_name>#终端路径进入到工作空间
$ catkin_make
$ catkin_make install #( 该步骤是可选的 )
```

编译完成后工作空间下应该会有三个文件夹：devel（开发文件夹）、build（构建文件夹）和 src（资源文件夹）。

编译工作空间在 ROS 下是必不可少的，它可以看作普通文件跟 ROS 关联起来的桥梁。

3. 工作空间的环境配置

编译完工作空间后，还需要告诉 ROS 工作空间的地址，否则 ROS 不能找到新建的工作空间。配置工作空间环境的方法如下：

```
$ echo "source ~/<workspace_name>/devel/setup.bash"⊖
$ source ~/.bashrc
```

在每次编译工作空间后，都应该运行上面的命令来更新系统环境变量。

⊖　出现代码示例时，读者需要按下键盘的组合键（Ctrl+Shift+T）新建一个终端来输入代码，代码示例中出现在最左边的"$"符号代表后面是要输入的命令，注意只需要输入命令，"$"符号是不需要输入的；"#"符号后面是注释内容，不需要在终端中输入。——编者注

⊖　命令中的"~/"是用户文件夹"home"目录的缩写。——编者注

三、ROS 常用命令行工具

1. catkin_create_pkg

使用 catkin_create_pkg（代码）命令来创建一个新的 catkin（编译工具）程序包。用法如下：

```
$ catkin_create_pkg <package_name> [depend1] [depend2] [depend3]
```

其中 <package_name> 为功能包的名字，[depend1]、[depend2]、[depend3] 分别为每个依赖的名字。

2. rospack

rospack（代码）命令允许获取软件包的有关信息。在本教材中，只涉及 rospack 中 find（代码）参数选项，该选项可以返回软件包的路径信息。用法如下：

```
$ rospack find [package_name]
```

其中 [package_name] 为功能包的名字。

3. roscd

roscd（代码）命令是 rosbash（代码）命令集中的一部分，它允许直接切换（cd 代码命令）工作目录到某个软件包或者软件包集当中。用法如下：

```
$ roscd [localtionname[/subdir]]
```

4. rosrun

rosrun（代码）命令允许使用功能包名直接运行一个功能包内的节点（而不需要知道这个功能包的路径）。用法如下：

```
$ rosrun [package_name] [node_name]
```

5. roslaunch

roslaunch（代码）命令可以用来启动定义在 launch（格式）文件中的多个节点。用法如下：

```
$ roslaunch [package] [filename.launch]
```

 任务内容

一、创建一个工作空间

1）使用快捷键 Ctrl+Alt+T 打开终端。⊖
2）在终端输入下面的命令行来创建一个空的文件目录。

⊖　在没有声明要打开新的终端时，步骤中的命令都是在同一个终端下进行的，如图 2-5 所示。——编者注

```
$ mkdir -p castle_ws/src
```

3）进入新建的文件目录，如图 2-2 所示。

```
$ cd castle_ws/src
```

```
gjxs@gjxs:~$ mkdir -p castle_ws/src
gjxs@gjxs:~$ cd castle_ws/src
gjxs@gjxs:~/castle_ws/src$ ▊
```

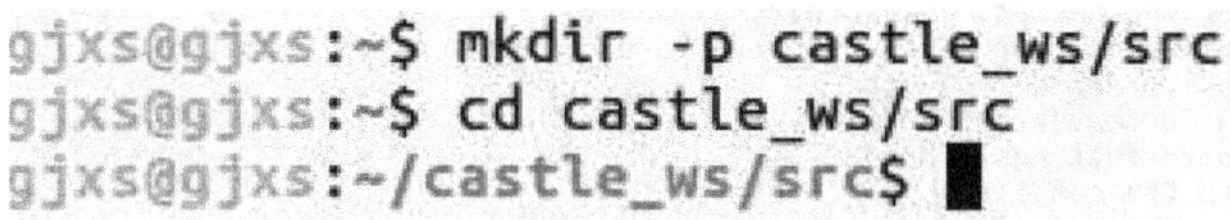

图 2-2　新建文件并进入文件路径

4）初始化工作空间，如图 2-3 所示。

```
$ catkin_init_workspace
```

```
gjxs@gjxs:~/castle_ws/src$ catkin_init_workspace
Creating symlink "/home/gjxs/castle_ws/src/CMakeLists.txt" pointing to "/opt/ros
/kinetic/share/catkin/cmake/toplevel.cmake"
```

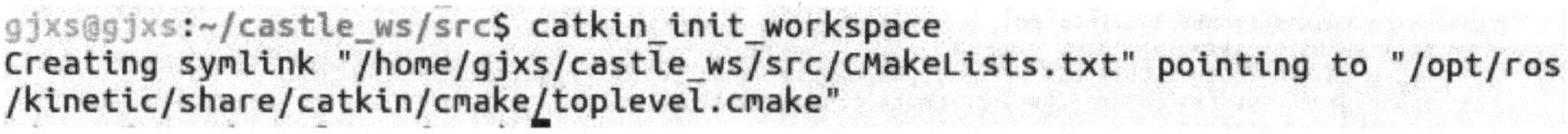

图 2-3　初始化工作空间

5）返回上一级目录（即 caslte_ws 目录），如图 2-4 所示。

```
$ cd ..
```

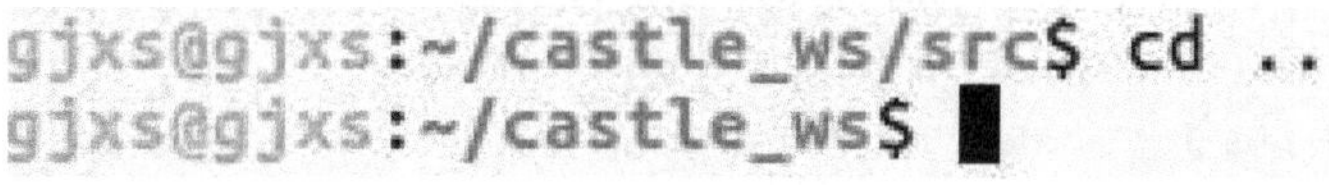

```
gjxs@gjxs:~/castle_ws/src$ cd ..
gjxs@gjxs:~/castle_ws$ ▊
```

图 2-4　返回上一级目录

注意：cd（代码命令）后面有空格，并且有两个点。

6）编译工作空间，如图 2-5 所示。

```
$ catkin_make
```

到这里工作空间已经创建完成了，但你会发现，所创建的工作空间不能在终端用 ROS 下的命令行工具搜索到，因为新建的工作空间没有配置好环境变量，接下来的操作就是配置环境变量。

7）继续在终端运行下面的命令来配置环境变量，将现在终端的路径赋给 castle_ws（工作空间），并添加到配置文件 .bashrc（文件）中，如图 2-6 所示。

```
$ echo export castle_ws='$(pwd)' >> ~/.bashrc
```

```
gjxs@gjxs:~/castle_ws$ catkin_make
Base path: /home/gjxs/castle_ws
Source space: /home/gjxs/castle_ws/src
Build space: /home/gjxs/castle_ws/build
Devel space: /home/gjxs/castle_ws/devel
Install space: /home/gjxs/castle_ws/install
####
#### Running command: "cmake /home/gjxs/castle_ws/src -DCATKIN_DEVEL_PREFIX=/home/gjxs/castle_ws/deve
l -DCMAKE_INSTALL_PREFIX=/home/gjxs/castle_ws/install -G Unix Makefiles" in "/home/gjxs/castle_ws/bui
ld"
####
-- The C compiler identification is GNU 5.4.0
-- The CXX compiler identification is GNU 5.4.0
-- Check for working C compiler: /usr/bin/cc
-- Check for working C compiler: /usr/bin/cc -- works
-- Detecting C compiler ABI info
-- Detecting C compiler ABI info - done
-- Detecting C compile features
-- Detecting C compile features - done
-- Check for working CXX compiler: /usr/bin/c++
-- Check for working CXX compiler: /usr/bin/c++ -- works
-- Detecting CXX compiler ABI info
-- Detecting CXX compiler ABI info - done
-- Detecting CXX compile features
-- Detecting CXX compile features - done
-- Using CATKIN_DEVEL_PREFIX: /home/gjxs/castle_ws/devel
-- Using CMAKE_PREFIX_PATH: /home/gjxs/ridgeback_ws/devel;/home/gjxs/test_ws/devel;/home/gjxs/ros_ws/
devel;/home/gjxs/image_ws/devel;/home/gjxs/catkin_ws/devel;/home/gjxs/kinect_ws/devel;/home/gjxs/High
-genius_ws/devel;/opt/ros/kinetic
-- This workspace overlays: /home/gjxs/ridgeback_ws/devel;/home/gjxs/test_ws/devel;/home/gjxs/ros_ws/
devel;/home/gjxs/image_ws/devel;/home/gjxs/catkin_ws/devel;/home/gjxs/kinect_ws/devel;/home/gjxs/High
-genius_ws/devel;/opt/ros/kinetic
-- Found PythonInterp: /usr/bin/python (found version "2.7.12")
-- Using PYTHON_EXECUTABLE: /usr/bin/python
-- Using Debian Python package layout
-- Using empy: /usr/bin/empy
-- Using CATKIN_ENABLE_TESTING: ON
-- Call enable_testing()
-- Using CATKIN_TEST_RESULTS_DIR: /home/gjxs/castle_ws/build/test_results
-- Found gmock sources under '/usr/src/gmock': gmock will be built
-- Looking for pthread.h
-- Looking for pthread.h - found
-- Looking for pthread_create
-- Looking for pthread_create - not found
-- Looking for pthread_create in pthreads
-- Looking for pthread_create in pthreads - not found
-- Looking for pthread_create in pthread
-- Looking for pthread_create in pthread - found
-- Found Threads: TRUE
-- Found gtest sources under '/usr/src/gmock': gtests will be built
-- Using Python nosetests: /usr/bin/nosetests-2.7
-- catkin 0.7.14
-- BUILD_SHARED_LIBS is on
-- Configuring done
-- Generating done
-- Build files have been written to: /home/gjxs/castle_ws/build
####
#### Running command: "make -j8 -l8" in "/home/gjxs/castle_ws/build"
####
gjxs@gjxs:~/castle_ws$
```

图 2-5   编译工作空间

```
gjxs@gjxs:~/castle_ws$ echo export castle_ws='$(pwd)' >> ~/.bashrc
gjxs@gjxs:~/castle_ws$
```

图 2-6   配置环境（1）

说明：.bashrc 文件是环境变量修改的主要文件。

8）把 "source $(pwd)/devel/setup.bash" 添加到配置文件 .bashrc（文件）中，如图 2-7 所示。

```
$ echo source $(pwd)/devel/setup.bash>> ~/.bashrc
```

```
gjxs@gjxs:~/castle_ws$ echo source $(pwd)/devel/setup.bash >> ~/.bashrc
gjxs@gjxs:~/castle_ws$
```

图 2-7   配置环境（2）

9）最后，使修改的配置文件 .bashrc（文件）生效，如图 2-8 所示。

```
gjxs@gjxs:~/castle_ws$ bash
gjxs@gjxs:~/castle_ws$ █
```

图 2-8　使环境生效

二、常用 ROS 命令行工具的测试

1. catkin_create_pkg

打开终端，首先进入到 castle_ws/src 目录，如图 2-9 所示。

```
$ cd castle_ws/src
```

```
gjxs@gjxs:~$ cd castle_ws/src
gjxs@gjxs:~/castle_ws/src$ █
```

图 2-9　进入 castle_ws/src 目录

创建 beginner_tutorials 功能包，依赖为 std_msgs（标准信息库）、rospy（ROS 系统的 python 库）、roscpp（ROS 系统的 C++ 库），在终端输入下面命令行，如图 2-10 所示。

```
$ catkin_create_pkg beginner_tutorials std_msgs rospy roscpp
```

```
gjxs@gjxs:~/castle_ws/src$ catkin_create_pkg beginner_tutorials std_msgs rospy r
oscpp
Created file beginner_tutorials/package.xml
Created file beginner_tutorials/CMakeLists.txt
Created folder beginner_tutorials/include/beginner_tutorials
Created folder beginner_tutorials/src
Successfully created files in /home/gjxs/castle_ws/src/beginner_tutorials. Pleas
e adjust the values in package.xml.
gjxs@gjxs:~/castle_ws/src$ █
```

图 2-10　创建 beginner_tutorials 功能包

创建之后，打开目录，可以看到创建的功能包及包含的文件，如图 2-11 所示。

图 2-11　完成创建的 beginner_tutorials 功能包文件目录

到这里用 catkin_create_pkg（代码）命令完成了 beginner_tutorials 功能包的创建。创建了新的功能包后，需要在工作空间中重新编译工作空间才能使用。

2. rospack

打开终端，使用 rospack find（代码）命令寻找 beginner_tutorials 功能包的路径，在终端输

入下面的命令行，如图 2-12 所示。

```
$ rospack find beginner_tutorials
```

```
gjxs@gjxs:~$ rospack find beginner_tutorials
/home/gjxs/castle_ws/src/beginner_tutorials
gjxs@gjxs:~$ 
```

图 2-12　rospack find 寻找 beginner_tutorials 功能包的路径

图中显示的路径："/home/gjxs/castle_ws/src/beginner_tutorials" 就是功能包 "beginner_tutorials" 完整的功能包路径。

3. roscd

roscd（代码）命令的作用就是在终端进入到功能包的目录下，操作如下：

```
$ roscd beginner_tutorials
```

结果如图 2-13 所示。

```
gjxs@gjxs:~$ roscd beginner_tutorials
gjxs@gjxs:~/castle_ws/src/beginner_tutorials$ 
```

图 2-13　roscd 的作用

4. rosrun

rosrun（代码）命令可以运行 ROS 节点，不过使用之前一定要打开 roscore。以小海龟为例：打开终端，运行 roscore，如图 2-14 所示。

```
$ roscore
```

```
gjxs@gjxs:~$ roscore
... logging to /home/gjxs/.ros/log/b11036be-3583-11e9-bc8d-6807155e673f/roslaunch-gjxs-11270.log
Checking log directory for disk usage. This may take awhile.
Press Ctrl-C to interrupt
Done checking log file disk usage. Usage is <1GB.

started roslaunch server http://gjxs:41253/
ros_comm version 1.12.14


SUMMARY
========

PARAMETERS
 * /rosdistro: kinetic
 * /rosversion: 1.12.14

NODES

auto-starting new master
process[master]: started with pid [11281]
ROS_MASTER_URI=http://gjxs:11311/

setting /run_id to b11036be-3583-11e9-bc8d-6807155e673f
process[rosout-1]: started with pid [11310]
started core service [/rosout]
```

图 2-14　打开 roscore

再新开一个终端，运行 turtlesim 包（软件工具）中的 turtlesim_node（节点）：

```
$ rosrun turtlesim turtlesim_node
```

结果如图 2-15 所示。

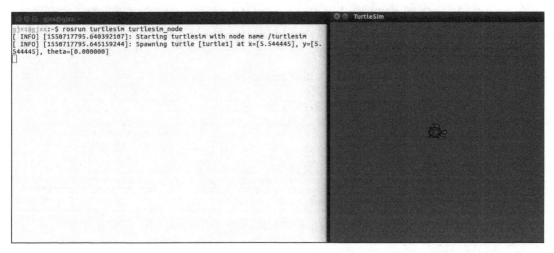

图 2-15　运行 turtlesim_node

5. roslaunch

roslaunch（代码）命令与 rosrun（代码）命令的不同在于，roslaunch 可以用来启动定义在 launch 文件中的多个节点，而 rosrun 只能启动单个节点。也是以小海龟为例，通过编写 roslaunch 实现小海龟画圆。

打开终端，先切换到 beginner_tutorials 程序包目录，如图 2-16 所示。

```
$ roscd beginner_tutorials
```

然后创建一个 launch 文件夹：

```
$ mkdir launch
```

进入创建的 launch 文件夹：

```
$ cd launch
```

```
gjxs@gjxs:~$ roscd beginner_tutorials
gjxs@gjxs:~/castle_ws/src/beginner_tutorials$ mkdir launch
gjxs@gjxs:~/castle_ws/src/beginner_tutorials$ cd launch
gjxs@gjxs:~/castle_ws/src/beginner_tutorials/launch$
```

图 2-16　创建 launch 文件夹

创建一个名为 turtlemimic.launch 的 launch 文件，如图 2-17 所示。

```
$ touch turtlemimic.launch
```

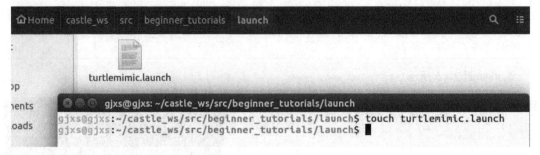

图 2-17   新建 turtlemimic.launch

打开 turtlemimic.launch 文件，如图 2-18 所示。

```
$ gedit turtlemimic.launch
```

添加下面内容到 turtlemimic.launch（文件）：

```
<launch>

<group ns="turtlesim1">
<node pkg="turtlesim" name="sim" type="turtlesim_node"/>
</group>

<group ns="turtlesim2">
<node pkg="turtlesim" name="sim" type="turtlesim_node"/>
</group>

<node pkg="turtlesim" name="mimic" type="mimic"/>
<remap from="input" to="turtlesim1/turtle1"/>
<remap from="output" to="turtlesim2/turtle1"/>
</node>

</launch>
```

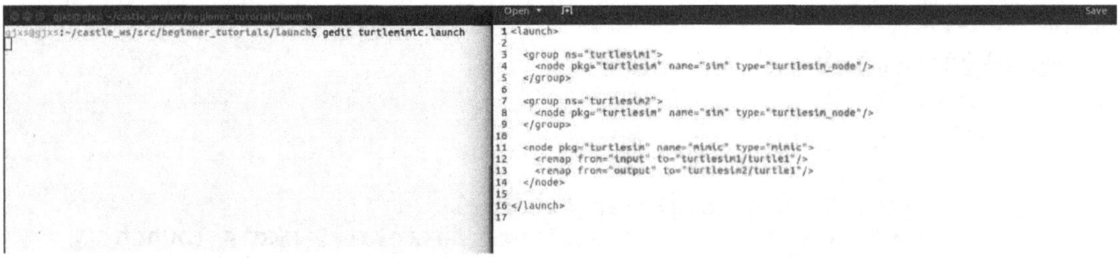

图 2-18   编辑 turtlemimic.launch(左边是终端，右边是代码)

通过 roslaunch（代码）命令来启动 launch 文件：

```
$ roslaunch beginner_tutorials turtlemimic.launch
```

结果如图 2-19 所示。

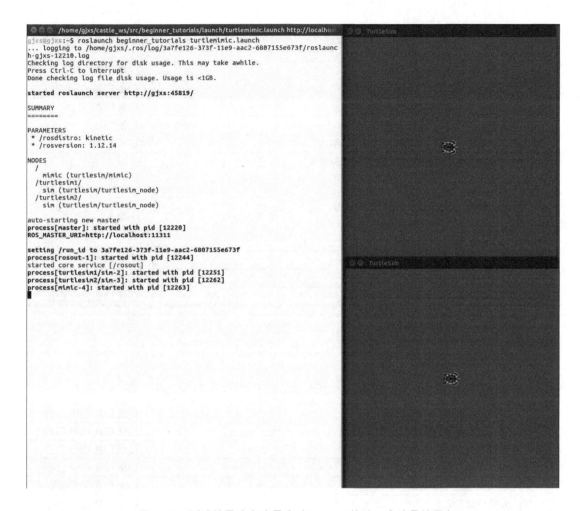

图 2-19　测试结果（左边是启动 launch 终端，右边是结果）

结果汇报

1. 各小组完成任务的各个步骤，并接受检查。

2. 各小组完成任务后进行总结，然后关闭机器人的上位机及电源，清洁自己的工位并归还机器人配套的键盘、鼠标、控制器等设备。

思 考 题

查找其他 ROS（机器人操作系统）命令行工具并进行测试。

任务评价

通过以上学习，根据任务实施过程，将任务完成情况记录在下表中，并完成任务评价。

班级		姓名		学号		日期	年 月 日

学习任务名称：

	1. 是否能创建工作空间	□是 □否
	2. 是否能配置环境	□是 □否
	3. 是否能创建新的功能包	□是 □否
	4. 是否学会使用 rosrun 命令	□是 □否
	5. 是否能实现两个小海龟跟随移动的演示	□是 □否

<table>
<tr><td rowspan="9">自我评价</td><td colspan="2">在完成任务时遇到了哪些问题？是如何解决的？</td></tr>
<tr><td></td><td></td></tr>
<tr><td>1. 是否能够独立完成工作页的填写</td><td>□是 □否</td></tr>
<tr><td>2. 是否能按时上、下课，着装规范</td><td>□是 □否</td></tr>
<tr><td>3. 学习效果自评等级</td><td>□优 □良 □中 □差</td></tr>
<tr><td colspan="2">总结与反思：</td></tr>
</table>

小组评价	1. 在小组讨论中能积极发言	□优 □良 □中 □差
	2. 能积极配合小组成员完成工作任务	□优 □良 □中 □差
	3. 在查找资料信息中的表现	□优 □良 □中 □差
	4. 能够清晰表达自己的观点	□优 □良 □中 □差
	5. 安全意识与规范意识	□优 □良 □中 □差
	6. 遵守课堂纪律	□优 □良 □中 □差
	7. 积极参与汇报展示	□优 □良 □中 □差

教师评价	综合评价等级： 评语： 教师签名：　　　　　年 月 日

任务 2　使用 launch 文件启动节点

✎ 任务概述

　　本任务主要是学习 ROS（机器人操作系统）中的启动器——launch（格式）文件的构建方法，以及 launch 文件中的标签及其用法。本任务主要以一个完整的 launch 文件的构建过程为载体，实现本任务的学习目标。

任务要求

1. 理解 launch 文件的概念。

2. 能对 launch 文件常用标签进行使用。

3. 能用 launch 文件控制小海龟的运动。

任务准备

1. 根据本项目任务 1 的实验步骤，创建一个工作空间以及第一个功能包。

2. 预习知识链接中的内容，掌握 launch 文件的主要标签的用法。

知识链接

一、launch 文件的概念

launch 文件：以一种特殊的 XML（标记语言）格式编写，可以同时运行多个 nodes（节点）的文件。

二、主要的标签及用法

1. <node>

作用：运行 ROS 节点。

用法 1：

```
<node name="…" pkg="…" name="…"/>
```

用法 2：

```
<node name="…"pkg="…" type="…" ></node>
```

1) node（节点）标签包含三个必需的属性——name、pkg 和 type。

2) name 为节点的名字，可以任意起。

3) pkg 为功能包所在文件夹的名字。

4) type 为可执行文件的名称。

2. <param>

作用：在 ROS 参数服务器上设置参数。

用法：

```
<param name="…" type="…" value="…" />
```

1) param（参数）标签包含三个必需的属性——name、type 和 value。

2) name 为参数的属性，参数名称是节点程序中设定的。

3）type 为参数的类型。

4）value 为参数的设定值，设定值的类型应与 type 所填一致。

3. <remap>

作用：声明名称并进行重新映射。

用法：

```
<remap from="…" to="…"/>
```

1）remap（映射）标签包含两个属性——from 和 to。

2）from 为原参数名称。

3）to 为参数的新名称。

4. <rosparam>

作用：使用 yaml（格式）文件为 launch（格式）文件设置 ROS 参数。

用法：

```
<rosparam command="…" file="…" />
```

1）rosparam（参数）标签有两个属性——command，file。

2）command 为执行的操作，一般为 load，表示加载文件。

3）file 为保存有参数的 yaml 文件的具体路径。

5. <include>

作用：包含其他的 launch（格式）文件。

用法：

```
<include file ="$(find package_name)/launch_file_name"/>
```

6. <env>

作用：为已启动的节点指定环境变量。

用法：

```
<env name="environment-variable-name" value="environment-variable-value" />
```

7. <arg>

作用：声明参数。

用法 1：

```
<arg name="arg_name" default="arg_name"/>
```

用法 2：

```
<arg name="arg_name" value="arg_name"/>
```

两种用法的区别在于，命令行参数可以覆盖默认值 default，但是不能重写 value 的值。

8. <group>

作用：将封闭元素分组进行共享命名空间或重新映射。

用法 1：将几个 nodes（节点）放进同一个 namespace（命名空间）。

```
<group ns="namespace">
<node pkg="..."..../>
<node pkg="..."..../>
  ⋮
</group>
```

用法 2：同时启动或者终止一组 nodes（节点）。

```
<group if="0 or 1">
  ⋮
</group>
```

说明：group element（组元素）中只能使用 ns、if、unless 这三个属性。

 任务内容

使用 launch 文件同时启动两个节点：

1）在 beginner_tutorials 功能包中创建一个 launch 文件夹。新建一个终端，输入以下命令，如图 2-20 所示。

```
$ roscd beginner_tutorials
$ mkdir launch
$ cd launch
```

```
gjxs@gjxs:~$ roscd beginner_tutorials
gjxs@gjxs:~/castle_ws/src/beginner_tutorials$ mkdir launch
gjxs@gjxs:~/castle_ws/src/beginner_tutorials$ cd launch
gjxs@gjxs:~/castle_ws/src/beginner_tutorials/launch$ ▮
```

图 2-20　创建 launch 文件夹

2）创建测试的 test.launch 启动文件。在之前的终端中输入以下命令，如图 2-21 所示。

```
$ touch test.launch
```

```
gjxs@gjxs:~/castle_ws/src/beginner_tutorials/launch$ touch test.launch
gjxs@gjxs:~/castle_ws/src/beginner_tutorials/launch$ ▮
```

图 2-21　创建 test.launch 文件

3）编写 test.launch 文件，在终端键入以下指令，编辑 launch 文件：

```
$ gedit test.launch
```

4）将下面的内容添加到 test.launch 文件中。

```
<launch>

<group ns="turtlesim1">
<node pkg="turtlesim" name="sim" type="turtlesim_node"/>
</group>

<group ns="turtlesim2">
<node pkg="turtlesim" name="sim" type="turtlesim_node"/>
</group>

<node pkg="turtlesim" name="mimic" type="mimic">
<remap from="input" to="turtlesim1/turtle1"/>
<remap from="output" to="turtlesim2/turtle1"/>
</node>

<node pkg="rostopic" name="pub_cmd_vel" type="rostopic" args="pub
/turtlesim1/turtle1/cmd_vel geometry_msgs/Twist -r 1 -- '[2.0, 0.0, 0.0]'
'[0.0, 0.0, -1.8]' " />

</launch>
```

显示如图 2-22 所示。

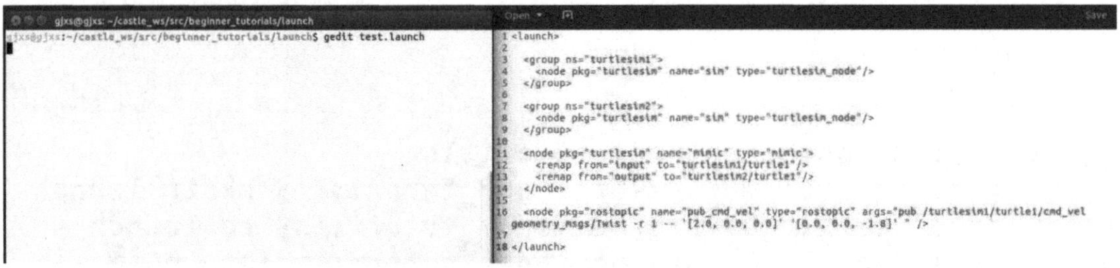

图 2-22　左边为打开文件终端，右边为 test.launch 代码

5）运行测试。打开终端，输入下面命令行：

```
$ roslaunch beginner_tutorials test.launch
```

结果如图 2-23 所示。

📖 结果汇报

1. 各小组完成任务的各个步骤，并接受检查。
2. 各小组完成任务后进行总结，然后关闭机器人的上位机及电源，清洁自己的工位并归还机器人配套的键盘、鼠标、控制器等设备。

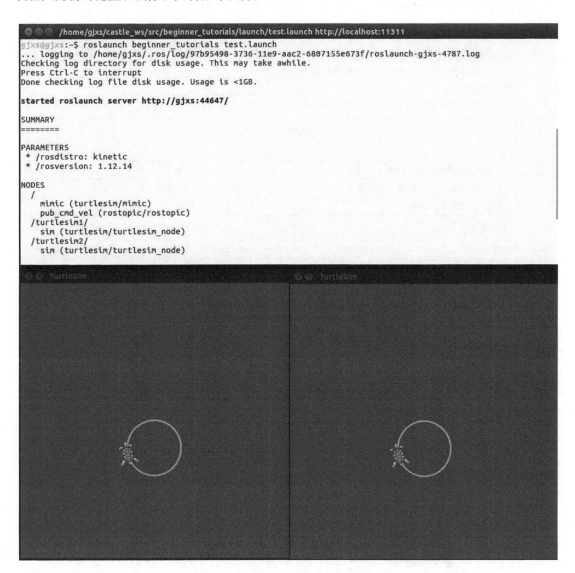

图 2-23　上面是启动 launch 文件的终端，下面是运行结果

✔ 思 考 题

为什么 launch（文件）中只控制了一个小海龟，而结果是两个小海龟一起运动？

✍ 任务评价

通过以上学习，根据任务实施过程，将完成任务情况记录在下表中，并完成任务评价。

班级		姓名		学号		日期		年　月　日

	学习任务名称：				
自我评价	1. 是否能创建 launch 文件夹	□是	□否		
	2. 是否能编写 test.launch 文件	□是	□否		
	3. 是否能启动 test.launch 文件并让两只仿真海龟做相同的运动	□是	□否		
	在完成任务时遇到了哪些问题？是如何解决的？				
	1. 是否能够独立完成工作页的填写	□是	□否		
	2. 是否能按时上、下课，着装规范	□是	□否		
	3. 学习效果自评等级	□优	□良	□中	□差
	总结与反思：				
小组评价	1. 在小组讨论中能积极发言	□优	□良	□中	□差
	2. 能积极配合小组成员完成工作任务	□优	□良	□中	□差
	3. 在查找资料信息中的表现	□优	□良	□中	□差
	4. 能够清晰表达自己的观点	□优	□良	□中	□差
	5. 安全意识与规范意识	□优	□良	□中	□差
	6. 遵守课堂纪律	□优	□良	□中	□差
	7. 积极参与汇报展示	□优	□良	□中	□差
教师评价	综合评价等级： 评语： 教师签名：　　　　　　年　月　日				

任务 3　使用话题机制实现节点间通信

✎ 任务概述

本任务主要学习 ROS（机器人操作系统）的核心通信机制——话题机制，包括话题通信机制的模型和通信流程，同时学习使用 Python 语言编写最基本的发布和订阅节点来实现话题通信机制。

☞ 任务要求

1. 能理解 ROS 下话题的基本概念，通过 ROS 话题通信机制模型，掌握话题通信的过程。

2.掌握话题通信的基本步骤，并可以按照这些步骤来实现话题通信。

 任务准备

1.预习知识链接中的内容，认识话题通信机制的模型。
2.预习话题通信机制的运行过程。

知识链接

一、话题的概念

话题（Topic）是ROS中的核心通信机制，ROS下的话题是以发布（publish）/订阅（sub-scribe）的方式传输数据的。一个节点可以在特定的主题上发布消息，而另外一个节点订阅某个特定的主题类型的数据，可以同时有多个节点分布或者订阅同一个主题的消息。

二、话题通信机制模型及分析

话题通信机制模型如图2-24所示。

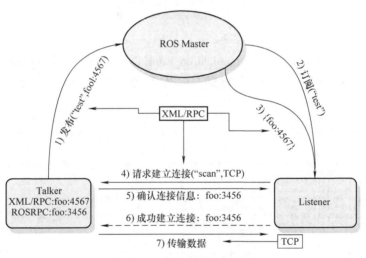

图2-24 话题通信机制模型

话题机制的运行过程分析：话题通信主要采用异步通信方式，可以分为7步：前3步为XML/RPC（协议），后4步为TCP（传输控制协议）。

1）Talker（发布者）向ROS Master（机器人操作系统节点管理器）注册并发布节点为"test"的话题消息。

2）Listener（订阅者）向ROS Master注册并订阅"test"节点消息。

3）当ROS Master匹配到发布/订阅的节点名字相同时就把Talker的"test"节点的数据"foo：4567"包括Talker的URI（标识源）发给Listener。

4）Listener接收到Talker的URI信息时就通过TCP（传输控制协议）请求建立连接。

5）Talker向Listener发送确认接收到请求连接的信息。

6）Listener 接收到 Talker 的确认数据后，成功建立连接。

7）Talker 向 Listener 开始传输数据。

三、创建一个话题的步骤

1）创建发布者。

2）创建订阅者。

3）添加编译选项。

4）运行可执行程序。

 # 任务内容

一、实现话题通信

1）打开一个新的终端，并进入到工作空间的"src"目录，如图 2-25 所示。

```
$ cd ~/castle_ws/src/
```

```
gjxs@gjxs:~$ cd ~/castle_ws/src/
gjxs@gjxs:~/castle_ws/src$
```

图 2-25　进入工作空间

2）创建一个新的功能包——communication_tutorials，并添加依赖 std_msgs(标准信息库)、rospy（ROS 的 python 库）、roscpp（ROS 的 C++ 库），如图 2-26 所示。在之前的终端中输入以下命令：

```
$ catkin_create_pkg communication_tutorials std_msgs rospy roscpp
```

```
gjxs@gjxs:~/castle_ws/src$ catkin_create_pkg communication_tutorials std_msgs ro
spy roscpp
Created file communication_tutorials/CMakeLists.txt
Created file communication_tutorials/package.xml
Created folder communication_tutorials/include/communication_tutorials
Created folder communication_tutorials/src
Successfully created files in /home/gjxs/castle_ws/src/communication_tutorials.
Please adjust the values in package.xml.
gjxs@gjxs:~/castle_ws/src$
```

图 2-26　新建通信功能包

3）创建 scripts 文件夹并进入到 scripts 目录，如图 2-27 所示。在终端输入以下命令：

```
$ roscd communication_tutorials
$ mkdir scripts
$ cd scripts
```

```
gjxs@gjxs:~$ roscd communication_tutorials
gjxs@gjxs:~/castle_ws/src/communication_tutorials$ mkdir scripts
gjxs@gjxs:~/castle_ws/src/communication_tutorials$ cd scripts
gjxs@gjxs:~/castle_ws/src/communication_tutorials/scripts$
```

图 2-27　新建 scripts 文件夹

4）创建消息发布器，创建 talk.py 文件并添加权限，如图 2-28 所示。

```
$ touch talker.py
$ chmod +x talker.py
```

```
gjxs@gjxs:~/castle_ws/src/communication_tutorials/scripts$ touch talker.py
gjxs@gjxs:~/castle_ws/src/communication_tutorials/scripts$ chmod +x talker.py
gjxs@gjxs:~/castle_ws/src/communication_tutorials/scripts$ █
```

图 2-28　创建 talk.py 文件

5）在终端输入下面命令，将下面的代码添加到新建的 talker.py（文件）：

```
$ gedit talker.py
```

将下面的代码添加到新建的 talker.py（文件）中。

```python
#!/usr/bin/env python
#coding：utf-8
# license removed for brevity

import rospy
from std_msgs.msg import String

def talker():
    pub = rospy.Publisher('chatter', String, queue_size=10) # 定义发布的主题名称
chatter，消息类型 String，实质是 std_msgs.msg.String，设置队列条目个数
    rospy.init_node('talker', anonymous=True) # 初始化节点，节点名称为
talker,anonymous=True，要求每个节点都有唯一的名称，避免冲突。这样可以运行多个 talk-
er.py
    rate = rospy.Rate(0.5)    # 发布频率为 0.5Hz
    while not rospy.is_shutdown():      # 用于检测程序是否退出
        hello_str = "hello world %s" % rospy.get_time()
        rospy.loginfo(hello_str) # 在屏幕输出日志信息，写入到 rosout 节点，也可以
通过 rqt_console 来查看
        pub.publish(hello_str) # 发布信息到主题
        rate.sleep() # 睡眠一定持续时间，如果参数为负数，睡眠会立即返回

if __name__ == '__main__':
try:
    talker()
except rospy.ROSInterruptException:
    pass
```

显示如图 2-29 所示。

图 2-29　talker.py 的编写（左边是终端，右边是添加的代码）

二、创建消息订阅器

1）进入 communication_tutorials/scripts（路径）目录。新建一个终端，输入以下命令，如图 2-30 所示。

```
$ roscd communication_tutorials/scripts
```

```
gjxs@gjxs:~$ roscd communication_tutorials/scripts
gjxs@gjxs:~/castle_ws/src/communication_tutorials/scripts$
```

图 2-30　进入 communication_tutorials/scripts 目录

2）创建监听器文件并赋予权限。在之前的终端中依次输入以下命令，如图 2-31 所示。

```
$ touch listener.py
$ chmod +x listener.py
```

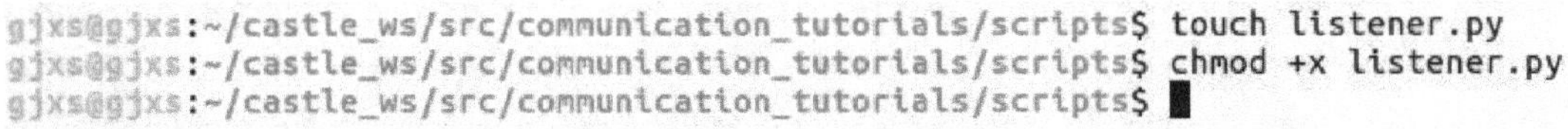

```
gjxs@gjxs:~/castle_ws/src/communication_tutorials/scripts$ touch listener.py
gjxs@gjxs:~/castle_ws/src/communication_tutorials/scripts$ chmod +x listener.py
gjxs@gjxs:~/castle_ws/src/communication_tutorials/scripts$
```

图 2-31　创建监听器文件

3）在之前的终端输入下面的命令：

```
$ gedit listener.py
```

将下面的代码添加到新建的 listener.py（文件）中。

```python
#!/usr/bin/env python
#coding:utf-8

import rospy
from std_msgs.msg import String

def callback(data):
    rospy.loginfo("I heard %s", data.data) #打印订阅之后的信息

def listener():
    rospy.init_node('listener', anonymous=True)    # 初始化节点，节点名称为
talker,anonymous=True，要求每个节点都有唯一的名称，避免冲突。这样可以运行多个
listener.py
    rospy.Subscriber("chatter", String, callback)    # 订阅 chatter 话题，当订
阅成功之后执行回调函数
    rospy.spin() #保持节点运行，直到节点关闭

if __name__ == '__main__':
    listener()
```

显示如图 2-32 所示。

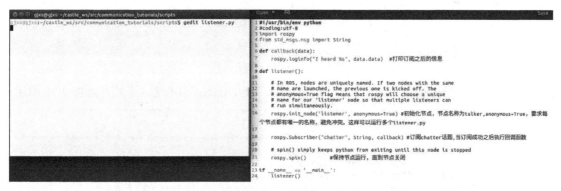

图 2-32　listener.py 的编写（左边是终端，右边是添加的代码）

三、测试

1）打开 ROS 节点管理器。新建一个终端，在终端 1 运行以下命令，如图 2-33 所示。

```
$ roscore
```

```
gjxs@gjxs:~$ roscore
... logging to /home/gjxs/.ros/log/698336fc-3713-11e9-aac2-6807155e673f/roslaunc
h-gjxs-9905.log
Checking log directory for disk usage. This may take awhile.
Press Ctrl-C to interrupt
Done checking log file disk usage. Usage is <1GB.

started roslaunch server http://gjxs:38839/
ros_comm version 1.12.14


SUMMARY
========

PARAMETERS
 * /rosdistro: kinetic
 * /rosversion: 1.12.14

NODES

auto-starting new master
process[master]: started with pid [9920]
ROS_MASTER_URI=http://gjxs:11311/

setting /run_id to 698336fc-3713-11e9-aac2-6807155e673f
process[rosout-1]: started with pid [9956]
started core service [/rosout]
```

图 2-33　打开 ROS 节点管理器

2）新建第二个终端，在终端 2 运行以下命令，打开 listener（订阅者）节点，如图 2-34 所示。

```
$ rosrun communication_tutorials listener.py
```

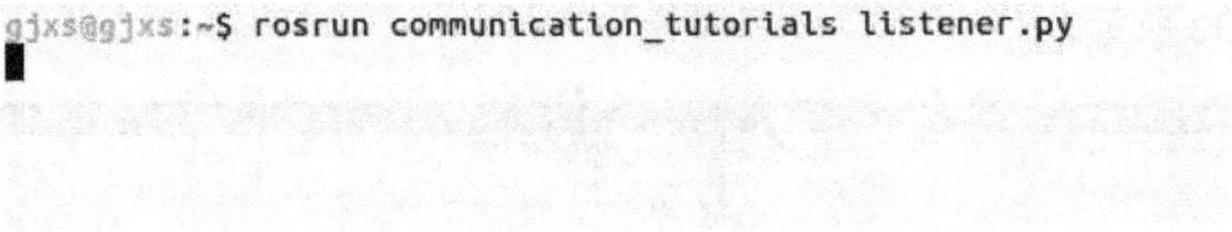
gjxs@gjxs:~$ rosrun communication_tutorials listener.py

图 2-34　打开 listener 节点

3）新建第三个终端，在终端 3 运行以下命令，打开 talker（发布者）节点，如图 2-35 所示。

```
$ rosrun communication_tutorials talker.py
```

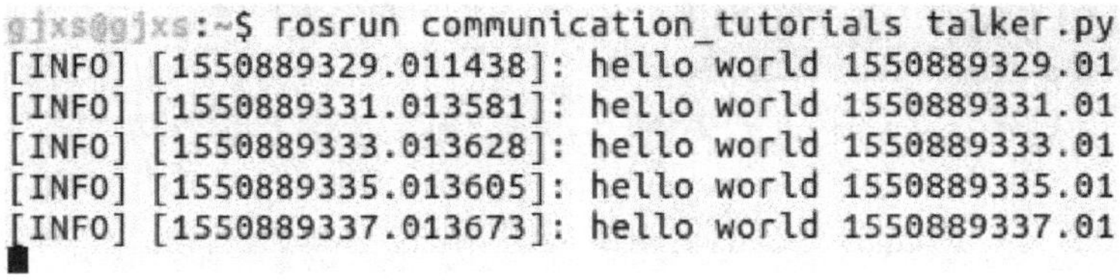
gjxs@gjxs:~$ rosrun communication_tutorials talker.py
[INFO] [1550889329.011438]: hello world 1550889329.01
[INFO] [1550889331.013581]: hello world 1550889331.01
[INFO] [1550889333.013628]: hello world 1550889333.01
[INFO] [1550889335.013605]: hello world 1550889335.01
[INFO] [1550889337.013673]: hello world 1550889337.01

图 2-35　打开 talker 节点

测试结果如图 2-36 所示。

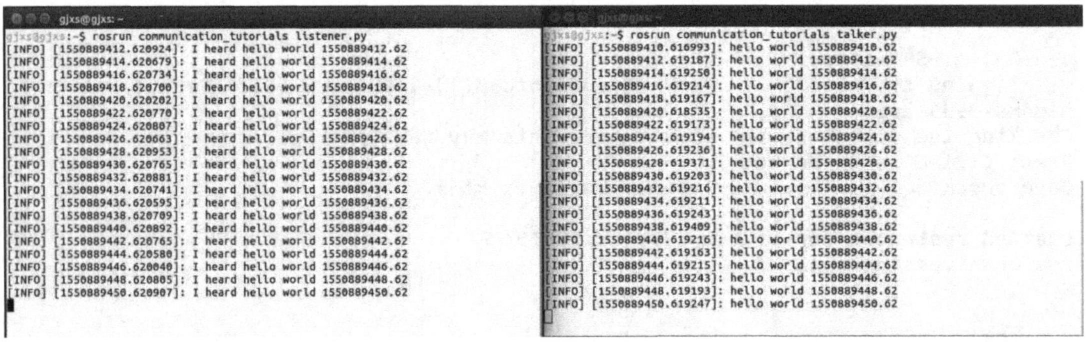
gjxs@gjxs: ~
gjxs@gjxs:~$ rosrun communication_tutorials listener.py
[INFO] [1550889412.620924]: I heard hello world 1550889412.62
[INFO] [1550889414.620679]: I heard hello world 1550889414.62
[INFO] [1550889416.620734]: I heard hello world 1550889416.62
[INFO] [1550889418.620700]: I heard hello world 1550889418.62
[INFO] [1550889420.620202]: I heard hello world 1550889420.62
[INFO] [1550889422.620770]: I heard hello world 1550889422.62
[INFO] [1550889424.620807]: I heard hello world 1550889424.62
[INFO] [1550889426.620663]: I heard hello world 1550889426.62
[INFO] [1550889428.620953]: I heard hello world 1550889428.62
[INFO] [1550889430.620765]: I heard hello world 1550889430.62
[INFO] [1550889432.620881]: I heard hello world 1550889432.62
[INFO] [1550889434.620741]: I heard hello world 1550889434.62
[INFO] [1550889436.620595]: I heard hello world 1550889436.62
[INFO] [1550889438.620709]: I heard hello world 1550889438.62
[INFO] [1550889440.620892]: I heard hello world 1550889440.62
[INFO] [1550889442.620765]: I heard hello world 1550889442.62
[INFO] [1550889444.620580]: I heard hello world 1550889444.62
[INFO] [1550889446.620040]: I heard hello world 1550889446.62
[INFO] [1550889448.620805]: I heard hello world 1550889448.62
[INFO] [1550889450.620907]: I heard hello world 1550889450.62
gjxs@gjxs:~$ rosrun communication_tutorials talker.py
[INFO] [1550889410.616993]: hello world 1550889410.62
[INFO] [1550889412.619187]: hello world 1550889412.62
[INFO] [1550889414.619250]: hello world 1550889414.62
[INFO] [1550889416.619214]: hello world 1550889416.62
[INFO] [1550889418.619167]: hello world 1550889418.62
[INFO] [1550889420.618535]: hello world 1550889420.62
[INFO] [1550889422.619173]: hello world 1550889422.62
[INFO] [1550889424.619194]: hello world 1550889424.62
[INFO] [1550889426.619236]: hello world 1550889426.62
[INFO] [1550889428.619371]: hello world 1550889428.62
[INFO] [1550889430.619203]: hello world 1550889430.62
[INFO] [1550889432.619216]: hello world 1550889432.62
[INFO] [1550889434.619211]: hello world 1550889434.62
[INFO] [1550889436.619243]: hello world 1550889436.62
[INFO] [1550889438.619409]: hello world 1550889438.62
[INFO] [1550889440.619216]: hello world 1550889440.62
[INFO] [1550889442.619163]: hello world 1550889442.62
[INFO] [1550889444.619215]: hello world 1550889444.62
[INFO] [1550889446.619243]: hello world 1550889446.62
[INFO] [1550889448.619193]: hello world 1550889448.62
[INFO] [1550889450.619247]: hello world 1550889450.62

图 2-36　话题通信结果图

结果汇报

1. 各小组完成任务的各个步骤，并接受检查。

2. 各小组完成任务后进行总结，然后关闭机器人的上位机及电源，清洁自己的工位并归还机器人配套的键盘、鼠标、控制器等设备。

思考题

1. 为什么创建 Python（面向对象的解释型）语言时要赋予执行权限？

2. 如何改写程序，实现改变话题的发送频率？

任务评价

通过以上学习，根据任务实施过程，将完成任务情况记录在下表中，并完成任务评价。

班级		姓名		学号		日期	年 月 日

学习任务名称：

	1. 是否能新建通信功能包	□是 □否			
	2. 是否能编写发布者节点并给予执行权限	□是 □否			
	3. 是否能编写订阅者节点并给予执行权限	□是 □否			
自我评价	4. 是否能够实现话题数据的发送和接收	□是 □否			
	在完成任务时遇到了哪些问题？是如何解决的？				
	1. 是否能够独立完成工作页的填写	□是 □否			
	2. 是否能按时上、下课，着装规范	□是 □否			
	3. 学习效果自评等级	□优 □良 □中 □差			
	总结与反思：				
小组评价	1. 在小组讨论中能积极发言	□优	□良	□中	□差
	2. 能积极配合小组成员完成工作任务	□优	□良	□中	□差
	3. 在查找资料信息中的表现	□优	□良	□中	□差
	4. 能够清晰表达自己的观点	□优	□良	□中	□差
	5. 安全意识与规范意识	□优	□良	□中	□差
	6. 遵守课堂纪律	□优	□良	□中	□差
	7. 积极参与汇报展示	□优	□良	□中	□差
教师评价	综合评价等级： 评语： 教师签名： 年 月 日				

任务 4 使用服务机制实现节点间通信

任务概述

本任务主要学习 ROS 的另外一个通信机制——服务机制，包括服务通信机制的模型和通信流程，同时学习使用 Python 语言编写最基本的服务器端和客户端节点以及创建 srv 服务文件来实现服务通信机制。

任务要求

1. 学会 ROS 下服务的基本概念，通过 ROS 服务通信机制模型，掌握服务通信的过程。
2. 掌握服务通信的基本步骤，并可以按照这些步骤来实现 ROS 下的服务通信的调试。

任务准备

1. 预习知识链接中的内容，认识话题通信机制的模型。
2. 了解话题通信机制的运行过程。

知识链接

一、服务的概念

服务（services）是节点之间通信的另一种方式。服务允许节点发送请求（request）并获得一个响应（response）。

二、服务通信机制模型及分析

服务通信机制模型如图 2-37 所示。

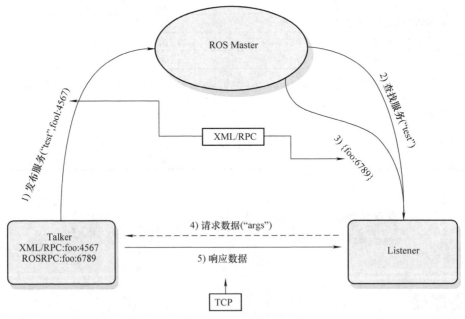

图 2-37　服务通信机制模型

服务机制的执行过程分析：服务通信采用的是同步通信方式，前面 4 步都是通过 RPC（远程过程调用）进行通信，最后两步是通过 TCP（传输控制协议）进行通信：

1）Talker（发布者）向 ROS Master（机器人操作系统管理器）注册并发布节点为"test"

的服务信息。

2）Listener（订阅者）向 ROS Master 注册并查找节点为"test"的服务信息。

3）当 ROS Master 匹配到两个节点一样时，就把 Talker 的 ROSRPC（协议）数据和服务相应的 URI（标识源）发给 Listener。

4）Listener 通过 URI 跟 Talker 建立连接。

5）Listener 向 Talker 发生请求数据。

6）Talker 向 Listener 响应请求，通过 TCP 把数据发回给 Listener。

三、创建一个服务的步骤

1）创建服务器。

2）创建客户端。

3）添加编译选项。

4）运行可执行程序。

任务内容

一、创建服务端 (server)

1）进入 communication_tutorials/scripts 目录。新建一个终端，输入以下命令，如图 2-38 所示。

```
$ roscd communication_tutorials/scripts
```

```
gjxs@gjxs:~$ roscd communication_tutorials/scripts
gjxs@gjxs:~/castle_ws/src/communication_tutorials/scripts$
```

图 2-38　进入 communication_tutorials/scripts 目录

2）创建服务端 (server) 文件并赋予权限。在之前的终端中依次输入以下命令，如图 2-39 所示。

```
$ touch sum_ints_server.py
$ chmod +x sum_ints_server.py
```

```
gjxs@gjxs:~/castle_ws/src/communication_tutorials/scripts$ touch sum_ints_server.py
gjxs@gjxs:~/castle_ws/src/communication_tutorials/scripts$ chmod +x sum_ints_server.py
gjxs@gjxs:~/castle_ws/src/communication_tutorials/scripts$
```

图 2-39　创建服务端 (server) 文件

3）打开 sum_ints_server.py 文件。在之前的终端中输入以下命令：

```
$ gedit sum_ints_server.py
```

将下面的内容添加到 sum_ints_server.py 文件中。

```
#!/usr/bin/env python
#coding:utf-8

from communication_tutorials.srv import *
import rospy

# 定义一个累加函数
def handle_sum_ints(req):
    if req.a < req.i:
        x = req.i
        y = req.a
        while x > y:
            req.a = req.a + x
            x = x - 1
        print "sum: %s\n" % req.a
        return req.a
    else:
        print "The number is wrong,please enter again!\n"

# 定义 ROS 下的一个服务端
def sum_ints_server():
    rospy.init_node('sum_ints_server') # 创建名为 sum_ints_server 的节点
    s = rospy.Service('sum_ints', SumInts, handle_sum_ints)   # 定义服务节点名
称，服务的类型，处理函数
    print "Ready to sum ints." rospy.spin() # 回调函数
if __name__ == "__main__":
    sum_ints_server()
```

显示如图 2-40 所示。

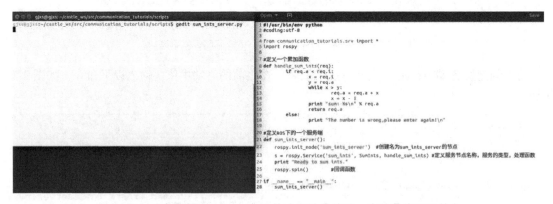

图 2-40　编写服务端 (server) 文件（左边是终端，右边是代码文件）

二、创建客户端 (client)

1）进入 communication_tutorials/scripts 目录。新建一个终端，输入以下命令，如图 2-41 所示。

```
$ roscd communication_tutorials/scripts
```

```
gjxs@gjxs:~$ roscd communication_tutorials/scripts
gjxs@gjxs:~/castle_ws/src/communication_tutorials/scripts$ ▊
```

图 2-41   进入 communication_tutorials/scripts 目录

2）创建客户端（client）并赋予权限。在之前的终端中输入以下命令，如图 2-42 所示。

```
$ touch sum_ints_client.py
$ chmod +x sum_ints_client.py
```

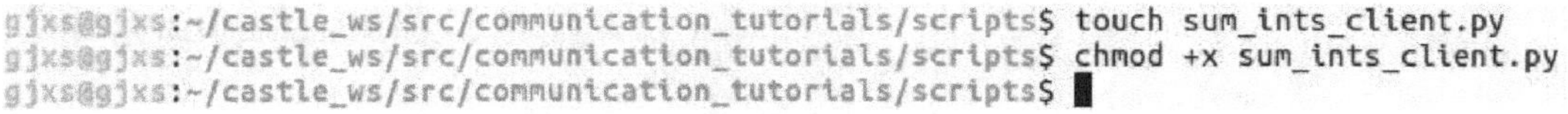

```
gjxs@gjxs:~/castle_ws/src/communication_tutorials/scripts$ touch sum_ints_client.py
gjxs@gjxs:~/castle_ws/src/communication_tutorials/scripts$ chmod +x sum_ints_client.py
gjxs@gjxs:~/castle_ws/src/communication_tutorials/scripts$ ▊
```

图 2-42   创建客户端 (client) 文件

3）打开 sum_ints_client.py 并编写客户端 (client) 程序：

```
$ gedit sum_ints_client.py
```

将下面的内容添加到 sum_ints_client.py 文件中。

```python
#!/usr/bin/env python
#coding:utf-8

import sys
import rospy
from communication_tutorials.srv import *

#定义一个客户端函数
def sum_ints_client(x, y):
    rospy.wait_for_service('sum_ints') #等待接入服务节点
    try:
        sum_ints = rospy.ServiceProxy('sum_ints', SumInts) #创建服务的处理句
柄,add_ints 为服务名,AddInts 是服务类型
        resp1 = sum_ints(x, y)
        return resp1.sum
    except rospy.ServiceException, e:
        print "Service call failed: %s" % e

#定义函数调用的方式
def usage():
    return "%s [x y]"%sys.argv[0]

if __name__ == "__main__":
#当 sys.argv 的长度为 3 时,说明有两个参数传进来。将两个参数赋给 x、y,否则就退出
    if len(sys.argv) == 3:
        x = int(sys.argv[1])
        y = int(sys.argv[2])
    else:
        print usage()
```

```
        sys.exit(1)
    print "Requesting "
    print "sum = %s" % (sum_ints_client(x, y))
```

显示如图 2-43 所示。

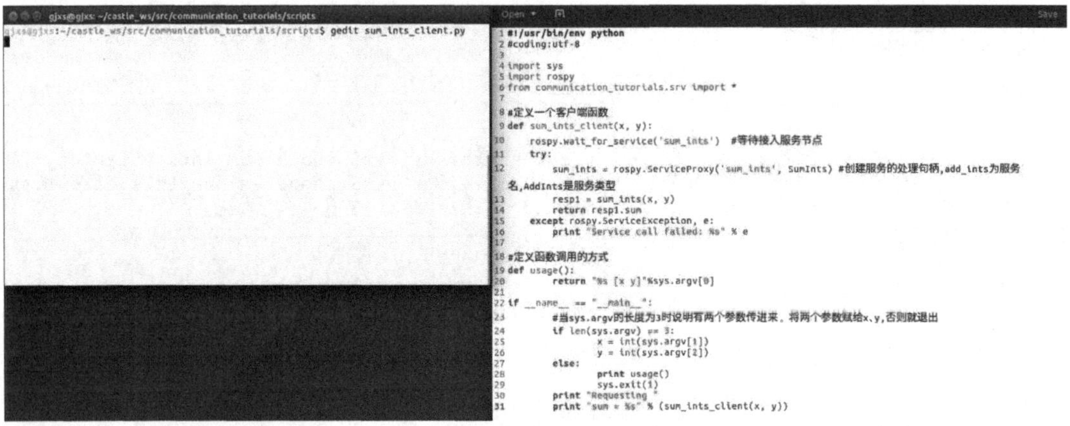

图 2-43　编写客户端 (client) 文件（左边是终端，右边是代码文件）

三、创建 srv 文件

1）进入 communication_tutorials 目录。新建一个终端，输入以下命令，如图 2-44 所示。

```
$ roscd communication_tutorials
```

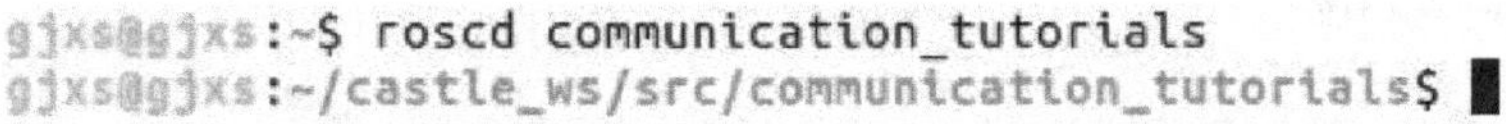

图 2-44　进入 communication_tutorials 目录

2）创建 srv 文件夹和 SumInts.srv 文件。在之前的终端中依次输入以下命令，如图 2-45 所示。

```
$ mkdir srv
$ cd srv
$ touch SumInts.srv
```

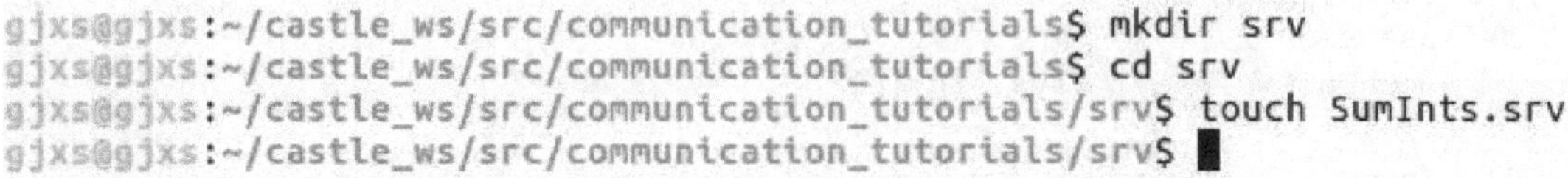

图 2-45　创建 srv 文件

3）打开并编写 SumInts.srv 文件：

```
$ gedit SumInts.srv
```

将下面的内容添加到 SumInts.srv 文件中，并单击右上角 SAVE 保存按钮，如图 2-46 所示。

```
int64 a
int64 I
---
int64 sum
```

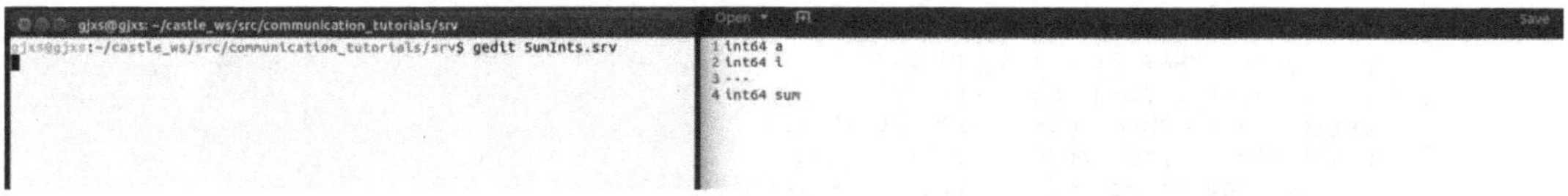

图 2-46 左边为终端，右边为 SumInts.srv 代码

4）添加编译选项。打开并编辑 CMakeLists.txt 文件，在终端依次输入以下命令：

```
$ roscd communication_tutorials
$ gedit CMakeLists.txt
```

在 communication_tutorials（功能包）/CMakeLists.txt（文件）中添加下面的内容。

```
find_package(catkin REQUIRED COMPONENTS
roscpp
rospy
std_msgs
message_generation
)
add_service_files(
FILES
SumInts.srv
)
generate_messages(
DEPENDENCIES
std_msgs
)
```

显示如图 2-47 所示。

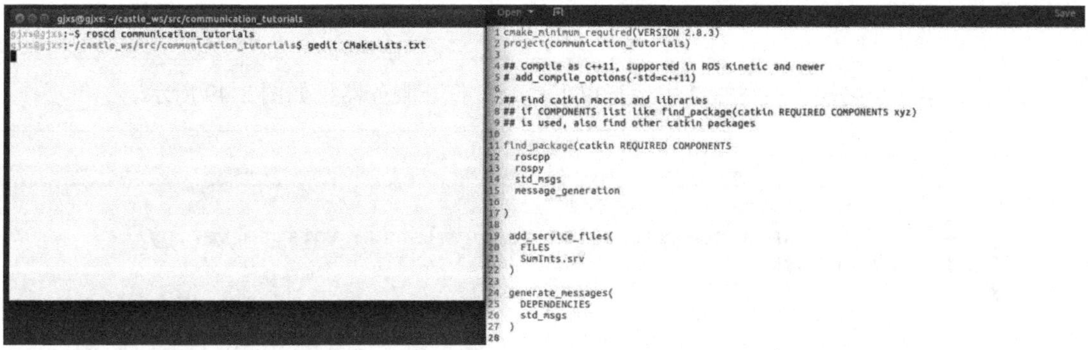

图 2-47 左边为终端，右边为 CMakeLists.txt 代码

5）编译使环境生效，如图 2-48 所示。

```
$ cd ~/castle_ws
$ catkin_make
```

```
gjxs@gjxs:~/castle_ws$ catkin_make
Base path: /home/gjxs/castle_ws
Source space: /home/gjxs/castle_ws/src
Build space: /home/gjxs/castle_ws/build
Devel space: /home/gjxs/castle_ws/devel
Install space: /home/gjxs/castle_ws/install
####
#### Running command: "cmake /home/gjxs/castle_ws/src -DCATKIN_DEVEL_PREFIX:
"
####
-- Using CATKIN_DEVEL_PREFIX: /home/gjxs/castle_ws/devel
-- Using CMAKE_PREFIX_PATH: /home/gjxs/castle_ws/devel;/home/gjxs/ridgeback
_ws/devel;/home/gjxs/High-genius_ws/devel;/opt/ros/kinetic
-- This workspace overlays: /home/gjxs/castle_ws/devel;/home/gjxs/ridgeback
_ws/devel;/home/gjxs/High-genius_ws/devel;/opt/ros/kinetic
-- Using PYTHON_EXECUTABLE: /usr/bin/python
-- Using Debian Python package layout
-- Using empy: /usr/bin/empy
-- Using CATKIN_ENABLE_TESTING: ON
-- Call enable_testing()
-- Using CATKIN_TEST_RESULTS_DIR: /home/gjxs/castle_ws/build/test_results
-- Found gmock sources under '/usr/src/gmock': gmock will be built
-- Found gtest sources under '/usr/src/gmock': gtests will be built
-- Using Python nosetests: /usr/bin/nosetests-2.7
-- catkin 0.7.14
-- BUILD_SHARED_LIBS is on
-- ~~~~~~~~~~~~~~~~~~~~~~~~~~~~~~~~~~~~~~~~~~~~~~~~~~~~~~~~~~~~~
-- ~~  traversing 2 packages in topological order:
-- ~~  - beginner_tutorials
-- ~~  - communication_tutorials
-- ~~~~~~~~~~~~~~~~~~~~~~~~~~~~~~~~~~~~~~~~~~~~~~~~~~~~~~~~~~~~~
-- +++ processing catkin package: 'beginner_tutorials'
-- ==> add_subdirectory(beginner_tutorials)
-- +++ processing catkin package: 'communication_tutorials'
```

图 2-48　编译后的部分结果

四、测试

1）新建第 1 个终端，在终端 1 中运行以下命令，打开 ROS 节点管理器：

```
$ roscore
```

2）新建第 2 个终端，在终端 2 中运行以下命令，打开服务器，如图 2-49 所示。

```
$ rosrun communication_tutorials sum_ints_server.py
```

```
gjxs@gjxs:~$ rosrun communication_tutorials sum_ints_server.py
Ready to sum ints.
```

图 2-49　打开服务器

3）新建第 3 个终端，在终端 3 中运行以下命令，打开客户端从 0 ～ 100 的累加程序，如图 2-50 所示。

```
$ rosrun communication_tutorials sum_ints_client.py 0 100
```

图 2-50　左边是服务器的终端，右边是客户端的终端

4）改变命令后面的数值，可以实现不同范围的累加，例如从 90 ～ 100 的累加，如图 2-51 所示。

```
$ rosrun communication_tutorials sum_ints_client.py 90 100
```

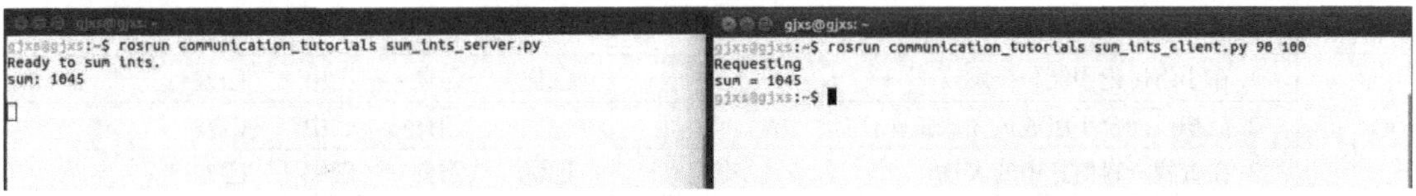

图 2-51　左边是服务器的终端，右边是客户端的终端

📖 结果汇报

1. 各小组完成任务的各个步骤，并接受检查。

2. 各小组完成任务后进行总结，然后关闭机器人的上位机及电源，清洁自己的工位并归还机器人配套的键盘、鼠标、控制器等设备。

✔ 思考题

如何通过修改代码实现两个数字的相加？

✍ 任务评价

通过以上学习，根据任务实施过程，将完成任务情况记录在下表中，并完成任务评价。

班级		姓名		学号		日期	年　月　日
学习任务名称：							

自我评价	1.是否能编写服务端程序	□是　　□否		
	2.是否能编写客户端程序	□是　　□否		
	3.是否能创建服务类型	□是　　□否		
	4.是否能够在客户端实现累加	□是　　□否		
	在完成任务时遇到了哪些问题？是如何解决的？			
	1.是否能够独立完成工作页的填写	□是　　□否		
	2.是否能按时上、下课，着装规范	□是　　□否		
	3.学习效果自评等级	□优　□良　□中　□差		
	总结与反思：			
小组评价	1.在小组讨论中能积极发言	□优	□良	□中　□差
	2.能积极配合小组成员完成工作任务	□优	□良	□中　□差
	3.在查找资料信息中的表现	□优	□良	□中　□差
	4.能够清晰表达自己的观点	□优	□良	□中　□差
	5.安全意识与规范意识	□优	□良	□中　□差
	6.遵守课堂纪律	□优	□良	□中　□差
	7.积极参与汇报展示	□优	□良	□中　□差
教师评价	综合评价等级： 评语： 教师签名：　　　　　　年　月　日			

智能图像检测编程与调试

3

图像检测是利用图像传感器对环境中的物体进行识别、检测、分类，并获取物体在相机下面的相对位置或者物体名称的技术，涉及数学、预处理、图像变换、图像增强、图像分割、图像特征分析、图像检测系统标定以及误差分析等相关知识。图像检测相当于机器人的"眼睛"，是机器人领域比较重要的一门技术。

任务1 图像检测技术的认识

任务概述

本任务主要内容为视觉系统的组成，包括单目、双目、RGBD（深度）摄像头的介绍，以及常用的图像处理工具 OpenCV（开放源代码计算机视觉库）和 Tensorflow（开源软件库）。通过使用 ROS+OpenCV 的图像获取和显示的示例，以及启动代码的讲解，学习图像检测技术的基础使用方法。

任务要求

1. 能理解视觉系统框架及组成视觉的系统。
2. 能理解图像处理框架、图像处理的一般流程。
3. 能掌握常用工具的使用，进行图像检测。

任务准备

1. 预习知识链接中的内容，了解视觉系统的组成、图像处理的一般流程以及图像处理的常用工具。
2. 检查机器人上的摄像头是否正确连接。

知识链接

一、视觉系统的组成

机器视觉就是利用相机代替人眼来对周围环境进行判断和分析，结合相应的算法来实现智能决策。它是一项综合技术，包括图像处理、运动控制、传感器、模拟与数字视频技术、计算机软硬件技术等。

机器视觉从原理上分为单目、双目、RGBD（深度）摄像头三个类型。引入机器视觉传感器使机器人具备以下优势：

1）机器视觉相对人眼具有更高的可靠性，视觉传感器可以连续采集图像和连续工作，不会出现视觉疲劳。

2）机器视觉具有更高的精度，配合相应算法可以使机器人具备多物体同时识别、定位、跟踪的功能。

3）视觉传感器比其他类型的传感器可以处理的信息更多，使机器人可以适应更为复杂的环境，如图 3-1 所示。

图 3-1　视觉传感器

二、图像处理的一般流程

1. 单目摄像头

单目摄像头就是利用一个摄像头拍摄。在 ROS 中，单目摄像头一般是使用 usb_cam（驱动）软件包来驱动的，该软件包可在 ros wiki（官网）官网下载获取。

使用 apt（代码）命令来安装 usb_cam 软件包：

```
$ sudo apt-get install ros-$ROS_DISTRO-usb-cam
```

2. 双目摄像头

双目立体视觉就是利用两个摄像头来拍摄同一场景，然后根据摄像头之间的图像差值来重构立体场景。双目视觉原理如图 3-2 所示。

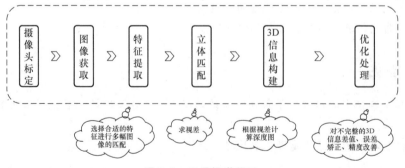

图 3-2　双目视觉原理

3. RGBD（深度）摄像头

目前，RGBD（深度）摄像头获取深度图像的方法主要有立体视觉、激光雷达测距和结构光三大类。

1）立体视觉：获取深度信息，指的是通过获取同一场景不同视角的多张图像，利用图像的匹配和一定的三维重建算法来计算场景对象的深度信息，如利用处于同一轴线上的两个摄像头获取场景对象的两张视差图以及相机的内参和外参数计算深度信息的双目摄像头。

2）激光雷达测距：采用 TOF（Time of Flight，飞行时间）技术，它通过记录光源投射到每个像素点的光线发射与反射间的相位变化来计算光线飞行时间，进而计算光源到每个像素点的距离，比如微软推出的 Kinect 2 代（摄像头）。

3）结构光：获取深度数据的方式是通过结构光投射器向对象物体表面投射可控制的光点、光线或者光面，将返回的光斑与参考光斑进行对比，利用三角测量原理计算物体的三维空间信息。与其他深度获取技术相比，结构光技术具有计算简单、体积小、经济性好、大量程且便于安装维护的优点，因此在实际深度三维信息获取中被广泛使用。如微软的 Kinect1、Prime Sensor（公司）以及华硕的 Xtion 摄像头。

三、图像处理的常用工具

1. OpenCV

OpenCV（Open Source Computer Vision Library，开放源代码计算机视觉库）：是在 BSD（Unix 的衍生系统）许可下发布的，因此它可以免费用于学术和商业。它具有 C++、Python 和 Java 接口，支持 Windows、Linux、Mac OS、iOS 和 Android（操作系统）。OpenCV 专门为提高计算效率而设计，专注于实时应用。该库以优化的 C/C++ 语言编写，可以利用多核处理。通过 OpenCL 启用，它可以利用底层异构计算平台的硬件加速。

在 ubuntu（操作系统）下安装 OpenCV：

```
$ sudo apt-get install ros-kinetic-vision-opencv libopencv-dev python-opencv
```

要将 OpenCV 部署到服务机器人上时可以使用 ROS+OpenCV 框架。ROS+OpenCV 框架如图 3-3 所示。

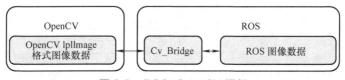

图 3-3 ROS+OpenCV 框架

ROS 下接收到的图像信息通过 imgmsg_to_cv2（）（函数命令）转换成 OpenCV 下可以处理的图像信息，然后通过 Cv_Bridge 把图像信息发给 OpenCV。在 OpenCV 下处理完之后，再通过 cv2_to_imgmsg()将 OpenCV 格式的图像数据转换成 ROS 图像的数据格式，然后通过 Cv_Bridge（功能包）发回 ROS 下加以显示。

2. TensorFlow

TensorFlow 是一个采用数据流图（Data Flow Graph），用于数值计算的开源软件库。节点（node）在图中表示数学操作，图中的线（edge）则表示在节点间相互联系的多维数据数组，即张量（tensor）。它的架构灵活，可以在多种平台上展开计算，例如台式计算机中的一个或多个 CPU（或 GPU，两者皆为中央处理器）、服务器、移动设备等。TensorFlow 最初由 Google 大脑小组（隶属于 Google 机器智能研究机构）的研究员和工程师们开发，用于机器学习和深度神经网络方面的研究，但这个系统的通用性使其也可广泛用于其他计算领域。

四、数据流图（Data Flow Graph）

数据流图用"节点"（node）和"线"（edge）的有向图来描述数学计算。"节点"一般用来表示施加的数学操作，但也可以表示数据输入（feed in）的起点／输出（push out）的终点，或者是读取／写入持久变量（persistent variable）的终点。"线"表示"节点"之间的输入／输出关系。这些数据"线"可以输送"size 可动态调整"的多维数据数组，即"张量"（tensor）。张量从图中流过的直观图像是这个工具取名为"TensorFlow"的原因。一旦输入端的所有张量准备好，节点将被分配到各种计算设备，异步并行地执行运算，如图 3-4 所示。

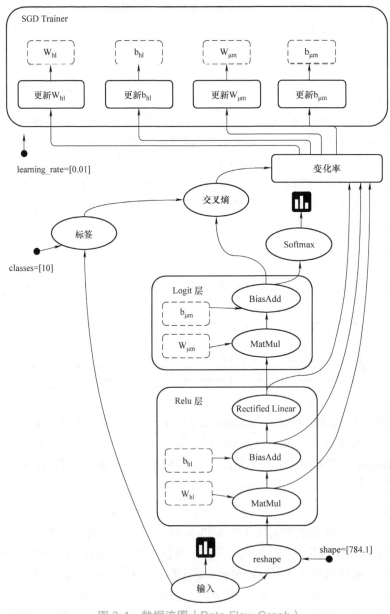

图 3-4　数据流图（Data Flow Graph）

五、TensorFlow 的特征

（1）高度的灵活性　TensorFlow（开源软件库）不是一个严格的"神经网络"库。只要可以将计算表示为一个数据流图，就可以使用 TensorFlow。

（2）可移植性（Portability）　TensorFlow 在 CPU 和 GPU 上运行，比如说可以运行在台式机、服务器、手机、移动设备等。

（3）将科研和产品联系在一起　使用 TensorFlow 可以让应用型研究者将想法迅速运用到产品中，也可以让学术性研究者更直接地彼此分享代码，从而提高科研产出率。

（4）自动求微分　基于梯度的机器学习算法会受益于 TensorFlow 自动求微分的能力。作为 TensorFlow 用户，只需要定义预测模型的结构，将这个结构和目标函数（objective function）结合在一起，并添加数据，TensorFlow 将自动计算相关的微分导数。

（5）多语言支持　TensorFlow 有一个合理的 C++ 语言使用界面，也有一个易用的 Python 使用界面来构建和执行 graphs（数据流图）。可以直接写 Python/C++ 程序，也可以用交互式的 ipython（计算系统）界面来用 TensorFlow 尝试一些想法，它可以将笔记、代码、可视化等有条理地归置好。

（6）性能最优化　TensorFlow 给予了线程、队列、异步操作等以最佳的支持，TensorFlow 可以将硬件的计算潜能全部发挥出来。

☞ 任务内容

接下来介绍 OpenCV 在 ROS 下的应用测试，astra_cv_bridge_test.py 代码在 vision_detector/scripts/astra_cv_bridge_test.py（路径）下，astra_opencv_test.launch（文件）在 vision_detector/launch/astra_opencv_test.launch（路径）下。

一、使用 ROS+OpenCV 实现图像获取

打开机器人的终端，输入下面的命令行启动实例测试：

```
$ roslaunch vision_detector astra_opencv_test.launch
```

测试结果如图 3-5 所示。

图 3-5　ROS+OpenCV 测试结果

二、代码分析

astra_opencv_test.launch（文件）代码分析：

```
<launch>

<!-- 启动相机节点 -- >
<include file="$(find astra_launch)/launch/astra.launch" />
<!-- 启动 opencv 测试节点 -->
<node pkg="vision_detector" name="astra_cv_bridge_test" type="astra_cv_
bridge_test.py" output="screen" />
<!-- 启动订阅 cv_bridge_image 话题 -->
<node name="rqt_image_view" pkg="rqt_image_view" type="rqt_image_view"
args="/cv_bridge_image"/>

</launch>
```

代码剖析：

1）启动相机节点，相当于运行 roslaunch astra_launch astra.launch（文件）。

2）启动 OpenCV 测试节点，相当于运行 rosrun astra_cv_bridge_ estastra_cv_bridge_test.py（文件），即运行 astra_cv_bridge_test.py（文件）可执行文件。

3）启动订阅 cv_bridge_image 话题，相当于运行 rosrun rqt_image_view rqt_image_view（文件），并且订阅 /cv_bridge_image 话题。

astra_cv_bridge_test.py 代码的实现步骤⊖：

1）创建 cv_bridge（功能包），声明 ROS 下图像的发布者和订阅者。

2）使用 cv_bridge（功能包）将 ROS 的图像数据转换成 OpenCV 的图像格式。

3）在 OpenCV 下处理图像信息并加以显示。

4）再将 OpenCV 格式的数据转换成 ros_image（文件）格式的数据发布。

📖 结果汇报

1. 各小组完成任务的各个步骤，并接受检查。

2. 各小组完成任务后进行总结，然后关闭机器人的上位机及电源，清洁自己的工位并归还机器人配套的键盘、鼠标、控制器等设备。

✔ 思考题

任务中的图像数据是由哪个节点发布为话题的，话题的名称是什么？

👍 任务评价

通过以上学习，根据任务实施过程，将完成任务情况记录在下表中，并完成任务评价。

⊖　具体实现过程参考源码。——编者注

班级		姓名		学号		日期	年 月 日	
学习任务名称：								

自我评价	1. 是否能理解 astra_opencv_ test.launch 中各个语句的作用	□是　　□否	
	2. 是否能启动 astra_opencv_ test.launch 文件	□是　　□否	
	在完成任务时遇到了哪些问题？是如何解决的？		
	1. 是否能够独立完成工作页的填写	□是　　□否	
	2. 是否能按时上、下课，着装规范	□是　　□否	
	3. 学习效果自评等级	□优　□良　□中　□差	
	总结与反思：		

小组评价	1. 在小组讨论中能积极发言	□优	□良	□中	□差
	2. 能积极配合小组成员完成工作任务	□优	□良	□中	□差
	3. 在查找资料信息中的表现	□优	□良	□中	□差
	4. 能够清晰表达自己的观点	□优	□良	□中	□差
	5. 安全意识与规范意识	□优	□良	□中	□差
	6. 遵守课堂纪律	□优	□良	□中	□差
	7. 积极参与汇报展示	□优	□良	□中	□差

教师评价	综合评价等级：
	评语：
	教师签名：　　　　　　　　　年 月 日

任务 2　相机标定的实现与调试

📝 任务概述

本任务学习智能图像检测技术的事前准备工作——相机标定，包括相机标定的作用和方法。以奥比中光 astra 摄像头的标定操作为载体，完成任务目标的学习。

👉 任务要求

1. 理解摄像头标定的意义。

2.能够使用摄像头标定的方法来对摄像头进行标定。

任务准备

1.预习知识链接中的内容，了解摄像头标定的作用和方法。
2.准备相机标定使用的棋盘图像，可以使用 A4 纸打印。
3.检查机器人上的摄像头是否正确连接。

知识链接

一、摄像头标定的意义

在进行机器视觉应用中，为确定实际物体的几何位置与摄像头拍摄的图像上的对应像素点的相互关系，需要建立计算机成像的几何模型，这些几何模型就是摄像头的参数。摄像头标定的作用就是确定摄像头的一些参数的值。

摄像头标定的参数通常分为内参和外参两部分（图 3-6）：外参确定了相机在空间中的位置和朝向，摄像机经过标定外参可以实现机械手和机器人坐标的统一；内参用于校正摄像头透镜产生的镜头畸变，摄像机经过标定内参可以得到世界坐标到像素坐标之间的映射，即真实值与像素值的转换。

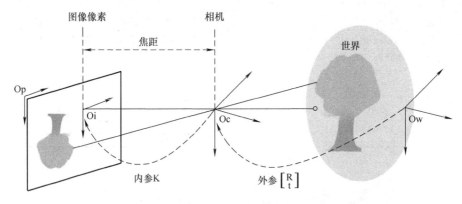

图 3-6　内参与外参的含义

二、摄像头标定的方法

张正友平面标定法：模型、算法与优化。

张正友的平面标定方法是介于传统标定方法和自标定方法之间的一种方法。与传统方法相比，它不仅避免了设备要求高、操作烦琐的缺点，而且它的精度更高，因此张氏标定法被广泛应用于计算机视觉方面。下面对这一标定方法做一介绍：

模型：即如何由光学成像公式和坐标变换方法建立摄像机的参数矩阵。

算法：即如何对参数矩阵进行计算。

优化：即如何计算畸变，以及如何对参数进行优化。

任务内容

一、彩色图像的标定

1）打开 ROS（机器人操作系统）节点管理器，如图 3-7 所示。

```
$ roscore
```

```
gjxs@gjxs:~$ roscore
... logging to /home/gjxs/.ros/log/d34393d4-35ab-11e9-bc8d-6807155e673f/roslaunch-gjxs-1133.log
Checking log directory for disk usage. This may take awhile.
Press Ctrl-C to interrupt
Done checking log file disk usage. Usage is <1GB.

started roslaunch server http://gjxs:33669/
ros_comm version 1.12.14


SUMMARY
========

PARAMETERS
 * /rosdistro: kinetic
 * /rosversion: 1.12.14

NODES

auto-starting new master
process[master]: started with pid [1148]
ROS_MASTER_URI=http://gjxs:11311/

setting /run_id to d34393d4-35ab-11e9-bc8d-6807155e673f
process[rosout-1]: started with pid [1182]
started core service [/rosout]
```

图 3-7   ROS 节点管理器

2）打开新终端，启动相机驱动：

```
$ roslaunch astra_launch astra.launch
```

3）运行 calibration（相机标定）节点进行标定：

```
$ rosrun camera_calibration cameracalibrator.py --size 7x9 --square 0.025
image:=/camera/image_raw camera:=/camera/depth/image
```

说明："7×9"为标定棋盘格内格的数目，"square0.025"为每个棋盘格的边长，"image"和 "camera"为摄像头的话题。

将进入图 3-8 所示的界面。

通过移动标定棋盘纸在视野中左右、上下、前后和倾斜转动，使相应的 X（横轴）、Y（纵轴）、Size（尺寸）和 Skew（斜率）下面的进度条都变成绿色，然后单击"CALIBRATE"进行标定计算（可能要等待一段时间，后台会自动进行计算），计算完成之后单击"SAVE"进行保存，最后单击"COMMIT"退出，如图 3-9 所示。

图 3-8　标定过程

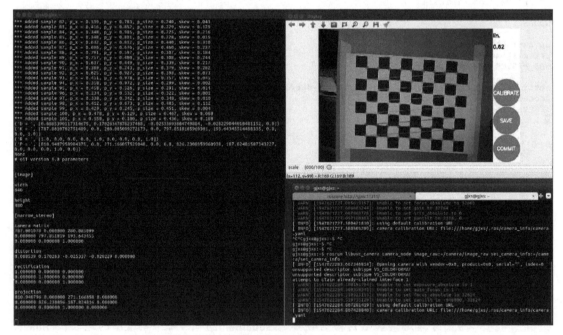

图 3-9　标定完成

二、测试标定后的摄像头

1）打开 astrapro.launch 文件启动奥比中光深度摄像头：

```
$ roslaunch orbbec_ros astrapro.launch
```

2）启动摄像头节点：

```
$ rosrun libuvc_camera camera_node
```

3）打开 rviz（3D 可视化工具）可视化组件：

```
$ rosrun rviz rviz
```

4）添加 Image（图像）、PointCloud2（点云）和 Camera（相机）显示组件，可以在 rviz（3D 可视化工具）下显示相应的深度图、摄像头的彩色图及点云图，如图 3-10 所示。

图 3-10 标定后测试图像

结果汇报

1. 各小组完成任务的各个步骤，并接受检查。

2. 各小组完成任务后进行总结，然后关闭机器人的上位机及电源，清洁自己的工位并归还机器人配套的键盘、鼠标、控制器等设备。

思考题

比较标定过的摄像头与没有标定过的摄像头下的图像区别。

任务评价

通过以上学习，根据任务实施过程，将完成任务情况记录在下表中，并完成任务评价。

班级		姓名		学号		日期	年　月　日

学习任务名称：

<table>
<tr><td rowspan="11">自
我
评
价</td><td>1. 是否能理解标定相机的作用</td><td colspan="4">□是　　□否</td></tr>
<tr><td>2. 是否能完成相机标定</td><td colspan="4">□是　　□否</td></tr>
<tr><td>3. 是否能够测试标定后摄像头</td><td colspan="4">□是　　□否</td></tr>
<tr><td colspan="5">在完成任务时遇到了哪些问题？是如何解决的？

</td></tr>
<tr><td>1. 是否能够独立完成工作页的填写</td><td colspan="4">□是　　□否</td></tr>
<tr><td>2. 是否能按时上、下课，着装规范</td><td colspan="4">□是　　□否</td></tr>
<tr><td>3. 学习效果自评等级</td><td colspan="4">□优　　□良　　□中　　□差</td></tr>
<tr><td colspan="5">总结与反思：

</td></tr>
<tr><td rowspan="7" style="vertical-align:middle">小
组
评
价</td></tr>
<tr><td>1. 在小组讨论中能积极发言</td><td>□优</td><td>□良</td><td>□中</td><td>□差</td></tr>
<tr><td>2. 能积极配合小组成员完成工作任务</td><td>□优</td><td>□良</td><td>□中</td><td>□差</td></tr>
</table>

小 组 评 价	1. 在小组讨论中能积极发言	□优	□良	□中	□差
	2. 能积极配合小组成员完成工作任务	□优	□良	□中	□差
	3. 在查找资料信息中的表现	□优	□良	□中	□差
	4. 能够清晰表达自己的观点	□优	□良	□中	□差
	5. 安全意识与规范意识	□优	□良	□中	□差
	6. 遵守课堂纪律	□优	□良	□中	□差
	7. 积极参与汇报展示	□优	□良	□中	□差
教 师 评 价	综合评价等级： 评语： 教师签名：　　　　　　　　　年　月　日				

任务3　人脸识别应用的实现与调试

✎ 任务概述

　　本任务是学习一种常见的智能图像识别应用——人脸识别，包括图像识别的特征、级联分类器，以及人脸识别应用的算法流程。任务中调用在 ROS 下封装好的人脸识别节点，实现人脸识别应用。

任务要求

1. 通过对特征和级联分类器的学习，能够阐述特征和级联分类器的概念。
2. 掌握基于 Haar（算法）特征的级联分类器对象检测算法的原理及思想。
3. 结合 OpenCV，在 ROS 下实现基于 Haar 特征级联分类器的人脸识别的调试。

任务准备

1. 预习知识链接中的内容，了解人脸识别的算法流程。
2. 检查机器人上的摄像头是否正确连接。

知识链接

一、特征的概念

特征就是分类器的输入。举一个人脸检测的例子：在进行人脸检测时，一个子窗口在待检测的图片窗口中不断地产生移位滑动，子窗口边滑动边计算该图片窗口区域的特征，得到的特征通过训练好的级联分类器进行筛选。如果某特征通过了所有强分类器的筛选，则该图片区域的特征符合人脸的特征，则判定该区域为人脸。

二、级联分类器

级联分类器实质是一种退化了的决策树，图像被筛选掉后就直接被丢弃，不会再有判断了，如图 3-11 所示。

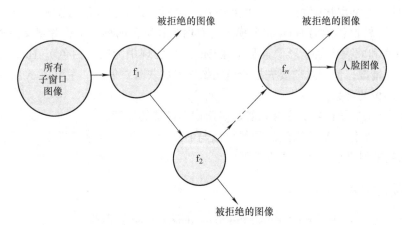

图 3-11　级联分类器策略示意图

级联分类器策略如下：将若干个强分类器由简单到复杂排列，希望经过训练使每个强分类器都有较高的检测率，而误识率可以降低，比如 99.9% 的人脸可以通过，但 60% 的非人脸也可以通过，这样如果有 10 个强分类器级联，那么它们的总识别率为 0.999^{10}，约等于 99.0%，错误接受率也仅为 0.61^{10}，约等于 0.7%，基本满足要求。

三、算法流程

图像输入→灰阶色彩转换→缩小摄像头的图像→直方图均衡化→检测人脸→结果输出。
程序框图如图 3-12 所示。

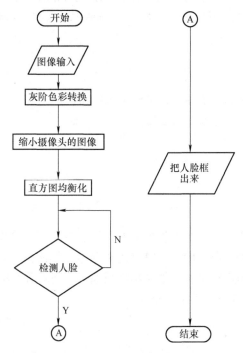

图 3-12　程序框图

算法流程的主要步骤说明如下：

1）图像输入：从奥比中光相机中采集 RGB（色彩模式）图像作为输入。

2）灰阶色彩转换：因为 Haar 特征模板内有白色和黑色两种矩形，并定义该模板的特征值为白色矩形像素和减去黑色矩形像素和（在 OpenCV 实现中为黑色白色）。Haar 特征值反映了图像的灰度变化情况，使用之前要先把彩色图像转换成灰阶二值图。主要用 cv2.cvtColor（ ）函数来创建灰度图像的函数。

3）缩小摄像头的图像：为了加快算法多次遍历像素的速度。

4）直方图均衡化：使检测到的图像可以与 Haar 特征矩形像素相匹配，主要用 cv2.equal-izeHist（ ）函数来创建平衡直方图的函数。

四、算法实现

代码主要在 vision_detector/scripts/astra_face_detector.py 目录下。

图像的输入和输出参数见表 3-1。

表 3-1　图像的输入和输出参数

参　数	名　称	说　明
input_rgb_image	图像数据的输入	把实际相机的图像话题从 launch 文件更改为 input_rgb_image
cv_bridge_image	发布的话题	人脸检测之后发布的图像话题

astra_face_detector.py（文件）的主要参数见表 3-2。

表 3-2　astra_face_detector.py 的主要参数

参　数	名　称	说　明
cascade_1 cascade_2	人脸检测的 Haar 特征级联表	cascade_1 和 cascade_2 从 launch 文件使用 get_param() 加载 Haar 特征分类器的 xml 文件
scaleFactor	级联表的参数设置	表示下一次对图像的扫描中，搜索窗口增长的比例系数，即下一次搜索窗口扩大的比例，这里设置成 1.2
minNeighbors		表示构成检测目标的相邻矩形的最小个数。如果在检测目标位置的"邻居"位置上，检测到的潜在的人脸目标小于设定值，则不认为是人脸区域，所以调节这个参数可以对人脸的检测个数特别是目标的鲁棒性产生影响。值越小，检测到的人脸区域越多，同时意味着可能有误检和重复区域
minSize		表示检测窗口的最小值
maxSize		表示检测窗口的最大值
color		表示框出检测对象框的颜色

👆 任务内容

一、编写实现人脸识别的启动文件

1）在 vision_detector 功能包中创建一个文件夹 launch。新建一个终端窗口并输入以下命令，如图 3-13 所示。

```
$ roscd vision_detector
$ mkdir launch
```

```
gjxs@gjxs:~$ roscd vision_detector
gjxs@gjxs:~/test_ws/src/vision_detector$ mkdir launch
```

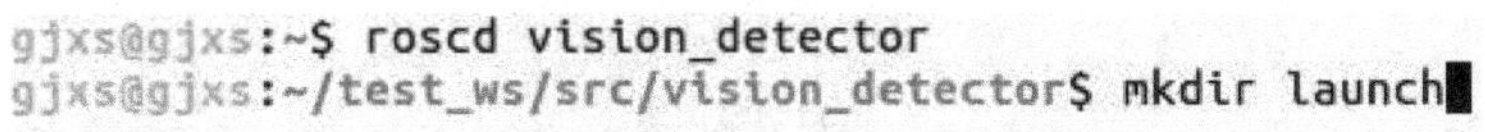

图 3-13　创建 launch 文件夹

2）在 launch 文件夹中创建 astra_face_detector.launch 文件。在终端输入以下命令，如图 3-14 所示。

```
$ roscd vision_detector/launch
$ touch astra_face_detector.launch
```

```
gjxs@gjxs:~/test_ws/src/vision_detector/launch$ roscd vision_detector/launch
gjxs@gjxs:~/test_ws/src/vision_detector/launch$ touch astra_face_detector.launch
```

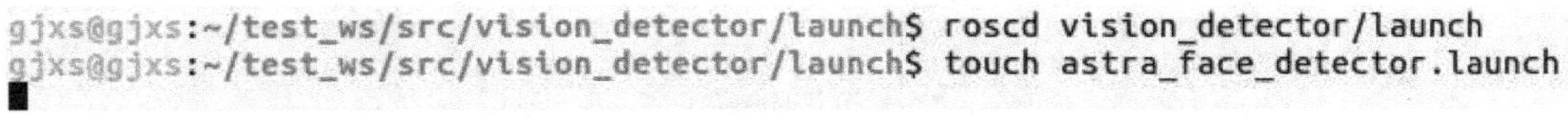

图 3-14　创建 astra_face_detector.launch 文件

3）在终端输入下面的命令，编写 astra_face_detector.launch 文件：

```
$ gedit astra_face_detector.launch
```

其中，astra_face_detector.launch（文件）包括启动相机节点、启动人脸识别节点和启动订阅 cv_bridge_image 话题，具体内容如图 3-15 所示。

```
<launch>

<!-- 启动相机节点 -->
<include file="$(find orbbec_ros/launch/astra.launch" />

<!-- 启动人脸识别节点 -->
<node pkg="vision_detector" name="astra_face_detector" type="astra_face_de-
tector.py" output="screen">
<remap from-"input_rgb_image" to=" /camera/rgb/image_raw " />
<rosparam> haar_scaleFactor: 1.2 haar_minNeighbors: 2 haar_minSize: 40 haar_
maxSize: 60
</rosparam>
<param name="cascade_1" value="$(find vision_detector)/data/ haar_detectors/
haarcascade_frontalface_alt.xml" />
<param name="cascade_2" value="$(find vision_detector)/data/ haar_detectors/
haarcascade_profileface.xml" />
</node>

<!-- 启动订阅 cv_bridge_image 话题 -->
<node name="rqt_image_view" pkg="rqt_image_view" type="rqt_image _view"
args="/cv_bridge_image"/>

</launch>
```

a) 终端内容

b) 代码内容

图 3-15　编辑 launch 文件

launch 文件说明如下：

1）启动相机节点：奥比中光摄像头在 ROS 下的驱动启动文件为 astra.launch。

2）启动人脸识别节点：

① 首先启动 astra_face_detector 节点。

② 获取奥比中光的图像，并将图像话题名字 /image_raw 改为 input_rgb_image 作为输入。

③ rosparam（代码）命令就是配置相关 Haar 特征级联分类器的参数。

④ param（参数）标签后面是特征级联表所在的路径。

3）启动订阅 cv_bridge_image 话题。

相对于运行 rosrun rqt_image_view rqt_image_view，打开 rqt（软件）图像显示插件，并且订阅人脸检测的结果输出 cv_bridge_image（话题）。

二、测试检测效果

打开终端，输入下面的命令：

```
$ roslaunch vision_detector astra_face_detector.launch
```

测试结果如图 3-16 所示。

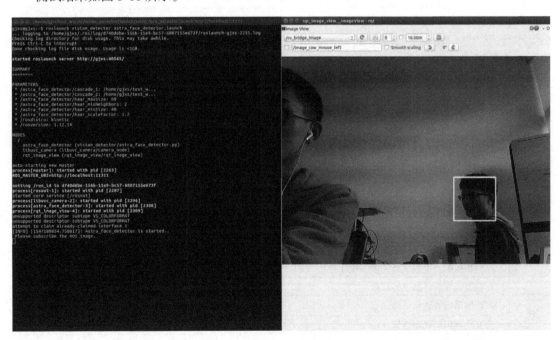

图 3-16　人脸识别

📖 结果汇报

1. 各小组完成任务的各个步骤，并接受检查。

2. 各小组完成任务后进行总结，然后关闭机器人的上位机及电源，清洁自己的工位并归还机器人配套的键盘、鼠标、控制器等设备。

✔ 思 考 题

改变参数 haar_scaleFactor、haar_minNeighbors、haar_minSize 和 haar_maxSize 的值，看看人脸识别效果怎么样。

✎ 任务评价

通过以上学习，根据任务实施过程，将完成任务情况记录在下表中，并完成任务评价。

班级		姓名		学号		日期	年 月 日
学习任务名称：							

自我评价	1. 是否能理解算法流程	□是 □否
	2. 是否能调整参数	□是 □否
	3. 是否能编写 astra_face_ detector.launch 文件	□是 □否
	4. 是否能完成人脸识别测试	□是 □否
	在完成任务时遇到了哪些问题？是如何解决的？	
	1. 是否能够独立完成工作页的填写	□是 □否
	2. 是否能按时上、下课，着装规范	□是 □否
	3. 学习效果自评等级	□优 □良 □中 □差
	总结与反思：	

小组评价	1. 在小组讨论中能积极发言	□优 □良 □中 □差
	2. 能积极配合小组成员完成工作任务	□优 □良 □中 □差
	3. 在查找资料信息中的表现	□优 □良 □中 □差
	4. 能够清晰表达自己的观点	□优 □良 □中 □差
	5. 安全意识与规范意识	□优 □良 □中 □差
	6. 遵守课堂纪律	□优 □良 □中 □差
	7. 积极参与汇报展示	□优 □良 □中 □差

教师评价	综合评价等级： 评语： 教师签名： 年 月 日

任务 4　人眼检测应用的实现与调试

任务概述

本任务学习一种常见的智能图像识别应用——人眼检测，包括人眼检测的原理、应用的算法流程以及图像参数。任务中调用在 ROS 下封装好的人眼检测节点实现人眼检测应用。

任务要求

1. 理解人眼检测的原理及过程。
2. 结合 OpenCV，在 ROS 下实现基于 Haar 特征级联分类器的人眼检测。

任务准备

1. 预习知识链接中的内容，了解人眼检测的算法流程。
2. 检查机器人上的摄像头是否正确连接。

知识链接

一、人眼检测的原理

人眼检测是在人脸识别的基础上进行的，即先识别人脸，再在此基础上通过增加人眼的 Haar 特征级联分类表实现人眼检测。

二、算法流程

算法流程如下：图像输入→灰阶色彩转换→缩小摄像头的图像→直方图均衡化→检测人脸→闭眼检测→结果输出，程序框图如图 3-17 所示。

算法流程的主要步骤说明如下：

1）图像输入：从奥比中光相机中采集 RGB 图像作为输入。

2）灰阶色彩转换：因为 Haar 特征模板内有白色和黑色两种矩形，并定义该模板的特征值为白色矩形像素和减去黑色矩形像素和（在 OpenCV 实现中为黑色白色），Haar 特征值反映了图像的灰度变化情况，使用之前要先把彩色图像转换成灰阶二值图。主要用 cv2.cvtColor（）函数来创建灰度图像的函数。

3）缩小摄像头的图像：为了加快算法多次遍历像素的速度。

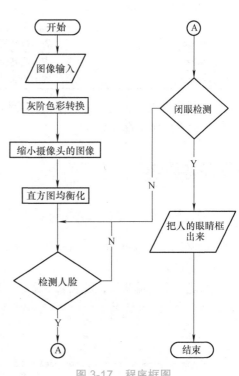

图 3-17　程序框图

4）直方图均衡化：使检测到的图像可以与 Haar 特征矩形像素相匹配，主要用 cv2.equal-izeHist（）函数来创建平衡直方图的函数。

三、算法实现

代码主要在 vision_detector/scripts/astra_cv_close_eye_ detect.py 目录下。

图像的输入和输出参数见表 3-3。

表 3-3　图像的输入和输出参数

参　数	名　称	说　明
input_rgb_image	图像数据的输入	把实际相机的图像话题从 launch 文件更改为 input_rgb_image
cv_bridge_image	发布的话题	人眼检测之后发布的图像话题

astra_cv_close_eye_detect.py（文件）的主要参数见表 3-4。

表 3-4　astra_cv_close_eye_detect.py 的主要参数

参　数	名　称	说　明
cascade_1 和 cascade_2	人脸检测的 Haar 特征级联表	cascade_1 和 cascade_2 从 launch 文件使用 get_param() 加载 Haar 特征分类器的 xml 文件
cascade_3	人眼检测的 Haar 特征级联表	cascade_3 从 launch 文件加载
scaleFactor		表示下一次对图像的扫描中，搜索窗口增长的比例系数，即下一次搜索窗口扩大的比例，这里设置成 1.2
minNeighbors	级联表的参数设置	表示构成检测目标的相邻矩形的最小个数，如果在检测目标位置的"邻居"位置上，检测到的潜在的人脸目标小于设定值，则不认为是人脸区域，所以调节这个参数可以对人脸的检测个数特别是目标的鲁棒性产生影响。值越小，检测到的人脸区域越多，同时意味着可能有误检和重复区域
minSize		表示检测窗口的最小值
maxSize		表示检测窗口的最大值
color		表示检测对象框的颜色

代码实现的流程是，先判断是否检测到人脸，再在此基础上匹配人的眼睛模型。如果匹配到，就把人的眼睛框起来。

 任务内容

一、创建人眼检测的启动文件

1）在 vision_detector（功能包）的 launch 功能包文件夹中创建一个启动文件 astra_eye_de-tector.launch。

新建一个终端窗口，输入以下命令，如图 3-18 所示。

```
$ roscd vision_detector/launch
$ touch astra_eye_detector.launch
```

```
gjxs@gjxs:~$ roscd vision_detector/launch
gjxs@gjxs:~/test_ws/src/vision_detector/launch$ touch astra_eye_detector.launch
```

图 3-18　创建 astra_eye_detector.launch 文件

2）在之前的终端中输入以下命令来编辑 astra_eye_detetor.launch 文件。

```
$ gedit astra_eye_detector.launch
```

其中，astra_eye_detector.launch 包括启动相机节点、启动人眼识别节点和启动订阅 cv_bridge_image 话题，内容如图 3-19 所示。

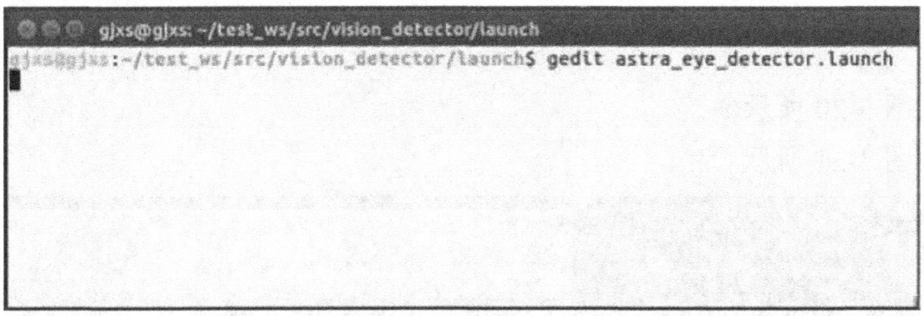

a) 终端内容

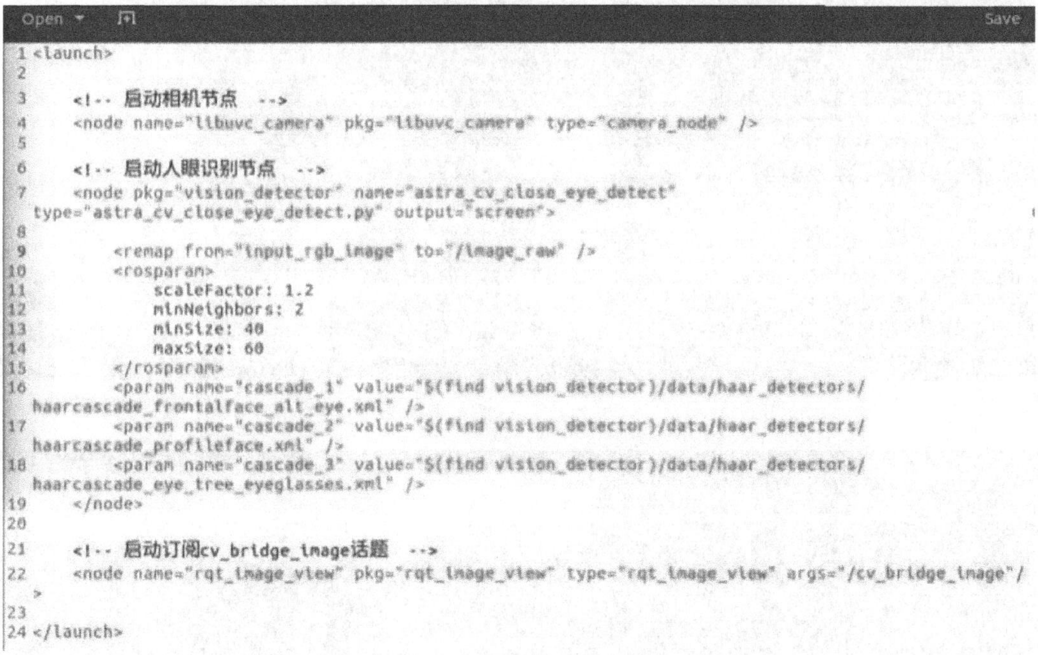

```
<launch>

    <!-- 启动相机节点 -->
    <node name="libuvc_camera" pkg="libuvc_camera" type="camera_node" />

    <!-- 启动人眼识别节点 -->
    <node pkg="vision_detector" name="astra_cv_close_eye_detect"
type="astra_cv_close_eye_detect.py" output="screen">

        <remap from="input_rgb_image" to="/image_raw" />
        <rosparam>
            scaleFactor: 1.2
            minNeighbors: 2
            minSize: 40
            maxSize: 60
        </rosparam>
        <param name="cascade_1" value="$(find vision_detector)/data/haar_detectors/
haarcascade_frontalface_alt_eye.xml" />
        <param name="cascade_2" value="$(find vision_detector)/data/haar_detectors/
haarcascade_profileface.xml" />
        <param name="cascade_3" value="$(find vision_detector)/data/haar_detectors/
haarcascade_eye_tree_eyeglasses.xml" />
    </node>

    <!-- 启动订阅cv_bridge_image话题 -->
    <node name="rqt_image_view" pkg="rqt_image_view" type="rqt_image_view" args="/cv_bridge_image"/
>

</launch>
```

b) 代码内容

图 3-19　编辑 launch 文件（左边是终端内容，右边是代码内容）

launch 文件说明：

① 启动相机节点：奥比中光相机在 ROS 下的驱动启动文件为 astra.launch。

② 启动人眼识别节点：

● 首先启动 astra_cv_close_eye_detect 节点。

● 然后获取奥比中光相机的图像，并将图像话题名字 /image_raw 改为 input_rgb_image 作为输入。

● rosparam 是配置相关 Haar 特征级联分类器的参数。

● param 标签后面是特征级联表所在的路径。

③ 启动订阅 cv_bridge_image 话题：相对于运行 rosrun rqt_image_view rqt_image_view，打开 rqt 图像显示插件，并且订阅人眼检测的结果输出 cv_bridge_image。

二、测试检测效果

测试人眼检测效果时，新建一个终端，输入下面命令：

```
$ roslaunch vision_detector astra_eye_detector.launch
```

双眼检测如图 3-20 所示。

闭眼检测如图 3-21 所示。

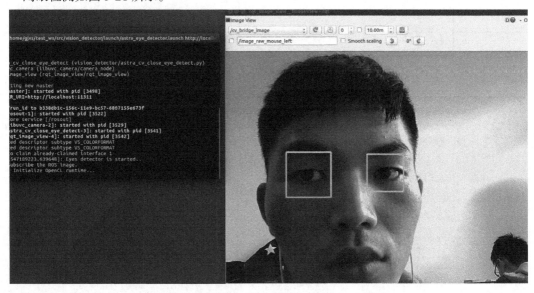

图 3-20　双眼检测

图 3-21　闭眼检测

📖 结果汇报

1. 各小组完成任务的各个步骤，并接受检查。

2. 各小组完成任务后进行总结，然后关闭机器人的上位机及电源，清洁自己的工位并归还机器人配套的键盘、鼠标、控制器等设备。

✔ 思 考 题

拿一张照片来测试一下，看看识别的效果怎么样。

✍ 任务评价

通过以上学习，根据任务实施过程，将完成任务情况记录在下表中，并完成任务评价。

班级		姓名		学号		日期	年 月 日
学习任务名称：							
自我评价	1. 是否能理解算法流程			□是	□否		
	2. 是否能调整参数			□是	□否		
	3. 是否能编写 astra_eye_ detector.launch 文件			□是	□否		
	4. 是否能完成人眼识别测试			□是	□否		
	在完成任务时遇到了哪些问题？是如何解决的？						
	1. 是否能够独立完成工作页的填写			□是	□否		
	2. 是否能按时上、下课，着装规范			□是	□否		
	3. 学习效果自评等级			□优	□良	□中	□差
	总结与反思：						
小组评价	1. 在小组讨论中能积极发言			□优	□良	□中	□差
	2. 能积极配合小组成员完成工作任务			□优	□良	□中	□差
	3. 在查找资料信息中的表现			□优	□良	□中	□差
	4. 能够清晰表达自己的观点			□优	□良	□中	□差
	5. 安全意识与规范意识			□优	□良	□中	□差
	6. 遵守课堂纪律			□优	□良	□中	□差
	7. 积极参与汇报展示			□优	□良	□中	□差
教师评价	综合评价等级： 评语：						
	教师签名： 年 月 日						

任务 5　笑脸检测应用的实现与调试

📝 任务概述

本任务学习一种常见的智能图像识别应用——笑脸检测，包括笑脸检测的原理、应用的算法流程以及图像参数。本任务调用在 ROS 下封装好的笑脸检测节点实现笑脸检测应用。

👉 任务要求

1. 学会笑脸检测的原理及过程。
2. 结合 OpenCV，在 ROS 下实现基于 Haar 特征级联分类器的笑脸检测调试。

🥕 任务准备

1. 预习知识链接中的内容，了解笑脸检测的算法流程。
2. 检查机器人上的摄像头是否正确连接。

📎 知识链接

一、笑脸检测的原理

笑脸检测是在人脸识别的基础上进行的，即先识别人脸，在此基础上通过增加笑脸的 Haar 特征级联分类表实现笑脸检测，然后把识别之后的笑脸框出来。

二、算法流程

算法流程如下：图像输入→灰阶色彩转换→缩小摄像头的图像→直方图均衡化 →检测人脸→笑脸检测→结果输出，程序框图如图 3-22 所示。

三、算法实现

代码主要在 vision_detector/scripts/astra_smile.py 目录下，astra_smile.py（文件）代码的主要参数见表 3-5。

代码剖析：

● launch 文件跟前面基本一样，只是运行的识别节点不一样。

● 代码实现流程，先判断是否检测到人脸，再在此基础上匹配人上扬的嘴角，并把这个识别为一个笑脸，然后框起来。

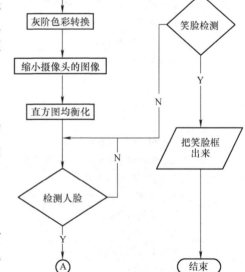

图 3-22　程序框图

表 3-5 astra_smile.py 代码的主要参数

参 数	名 称	说 明
faceCascade	人脸识别的 Haar 特征级联表	faceCascade 从 launch 文件使用 get_param ( ) 加载 Haar 特征分类器的 xml 文件
smileCascade	笑脸识别的 Haar 特征级联表	smileCascade 从 launch 文件使用 get_param ( ) 加载 Haar 特征分类器的 xml 文件

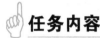 **任务内容**

一、创建启动笑脸检测的启动文件

1）在 vision_detector 功能包的 launch 文件夹中创建 astra_smile.launch 文件。新建一个终端窗口，输入以下命令，如图 3-23 所示。

```
$ roscd vision_detector/launch
$ touch astra_smile.launch
```

```
gjxs@gjxs:~$ roscd vision_detector/launch
gjxs@gjxs:~/test_ws/src/vision_detector/launch$ touch astra_smile.launch
```

图 3-23 创建 astra_smile.launch 文件

2）在之前的终端输入下面的命令，编写 astra_smile.launch 文件：

```
$ gedit astra_smile.launch
```

其中 astra_smile.launch 包括启动相机节点、启动笑脸识别节点和启动订阅 cv_bridge_image 话题。具体内容如下：

```
<launch>

<!-- 启动相机节点 -->
<include file="$(find orbbec_ros)/launch/astra.launch" />

<!-- 启动笑脸识别节点 -->
<node pkg="vision_detector" name="astra_smile" type="astra_smile.py"
output="screen">
<remap from="input_rgb_image" to="/camera/rgb/image_raw" />
<rosparam>
        haar_scaleFactor : 1.2
        haar_minNeighbors : 2
        haar_minSize : 40
        haar_maxSize : 60
</rosparam>
<param name="faceCascade" value="$(find vision_detector)/ data/haar_detec-
tors/lbpcascade_frontalface.xml" />
<param name="smileCascade" value="$(find vision_detector)/ data/haar_detec-
```

```
tors/haarcascade_smile.xml" />
    </node>

    <!-- 启动订阅 cv_bridge_image 话题 -->
    <node name="rqt_image_view" pkg="rqt_image_view" type="rqt_image _view"
args="/cv_bridge_image"/>

</launch>
```

编辑 launch（格式）文件，如图 3-24 所示。

图 3-24　编辑 launch 文件（左边是终端内容，右边是代码内容）

launch（格式）文件跟人眼检测基本相同。

二、测试效果

打开终端，输入下面命令：

```
$ roslaunch vision_detector astra_smile.launch
```

测试结果如图 3-25 所示。

图 3-25　笑脸检测测试结果

结果汇报

1. 各小组完成任务的各个步骤，并接受检查。

2. 各小组完成任务后进行总结，然后关闭机器人的上位机及电源，清洁自己的工位并归还机器人配套的键盘、鼠标、控制器等设备。

思考题

寻找相关的表情 Haar 特征级联表替换掉笑脸的 Haar 特征级联表，测试一下效果怎么样（提示：在 launch 文件里面修改即可）。

任务评价

通过以上学习，根据任务实施过程，将完成任务情况记录在下表中，并完成任务评价。

班级		姓名		学号			日期		年 月 日
学习任务名称：									
自我评价	1. 是否能理解笑脸检测的程序流程			□是	□否				
	2. 是否能调整参数			□是	□否				
	3. 是否能编写 astra_smile.launch 文件			□是	□否				
	4. 是否能完成笑脸应用测试			□是	□否				
	在完成任务时遇到了哪些问题？是如何解决的？								
	1. 是否能够独立完成工作页的填写			□是	□否				
	2. 是否能按时上、下课，着装规范			□是	□否				
	3. 学习效果自评等级			□优	□良	□中	□差		
	总结与反思：								
小组评价	1. 在小组讨论中能积极发言			□优	□良	□中	□差		
	2. 能积极配合小组成员完成工作任务			□优	□良	□中	□差		
	3. 在查找资料信息中的表现			□优	□良	□中	□差		
	4. 能够清晰表达自己的观点			□优	□良	□中	□差		
	5. 安全意识与规范意识			□优	□良	□中	□差		
	6. 遵守课堂纪律			□优	□良	□中	□差		
	7. 积极参与汇报展示			□优	□良	□中	□差		
教师评价	综合评价等级： 评语： 教师签名： 年 月 日								

任务 6　物体位置识别应用的实现与调试

✐ 任务概述

本任务学习使用 ROS 的一个物体识别功能包——find_object_2d，包括 find_object_2d 功能包的安装和使用。在任务中，将启动摄像头程序并将摄像头获取的数据输入到 find_object_2d 节点的接口，进而实现物体位置的识别。

☞ 任务要求

1. 通过对 find_object_2d 功能包的了解，掌握 find_object_2d 功能包的使用。
2. 使用 find_object_2d 功能包获取物体的位置信息。

✎ 任务准备

1. 预习知识链接中的内容，熟悉 find_object_2d 功能包的安装方法。
2. 安装 find_object_2d 功能包。
3. 检查机器人上的摄像头是否正确连接。
4. 准备进行位置识别的物体，可以是任意物体，不需要与实验示例相同。

✐ 知识链接

一、find_object_2d 功能包介绍

find_object_2d 是简单的 Qt（应用程序开发框架）接口，通过用 OpenCV 及 SIFT、SURF、FAST、BRIEF（四种算法）和其他特征检测器实现物体位置的获取。使用网络摄像头，可以在具有 ID 和位置（图像中的像素）的 ROS 主题上检测和发布对象。该包是 Find-Object 应用程序的 ROS 集成。

二、find_object_2d 功能包安装

命令行安装：

```
$ sudo apt-get install ros-kinetic-fine-object-2d
```

从源码安装：

```
$ cd src
$ git clone https://github.com/introlab/find-object.git
$ cd ..&& catkin_make
```

三、物体位置识别的意义

对物体位置信息的获取是机器人应用的一个重要的方向。通过对物体位置信息的识别，可以使机器人知道物体相对于机器人的位置，从而可以完成对物体的抓取等一系列的动作。

四、物体位置的计算

已知被检测物体的 3×3 单应性矩阵 $\boldsymbol{H}$，(x_1, y_1) 是物体在储存图像中的位置，(x_2, y_2) 是物体在当前帧中的位置，则计算公式如下：

$$[x_1, \ y_1, \ 1]^T = \boldsymbol{H}\, [x_2, \ y_2, \ 1]^T \tag{3-1}$$

 任务内容

使用 find_object_2d 功能包识别物体位置：

1）启动深度摄像机节点，新建一个终端，输入以下命令：

```
$ roslaunch orbbec_ros astra.launch
```

2）再新建一个终端，输入以下命令启动 find_object_2d 节点：

```
$ rosrun find_object_2d find_object_2d image:=camera/rgb/image_raw
```

3）单击"Edit"（命令）中的"add object from scene"选项，然后把摄像头对准要标记的物体进行拍摄并单击"Take picture"（命令），如图 3-26 所示。

图 3-26 物体拍摄

4）在照片中选择感兴趣的区域，单击"Next"（命令），如图 3-27 所示。

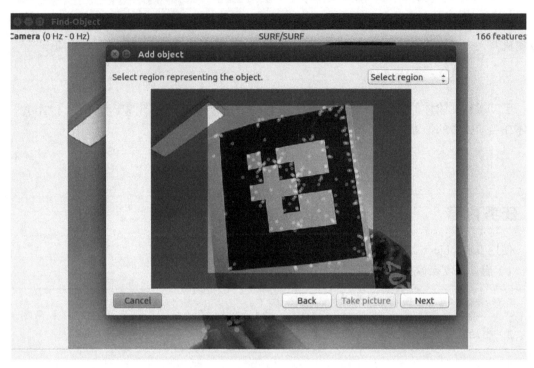

图 3-27　单击"Next"键

5）单击"End"（命令）完成物体的标记，如图 3-28 所示。

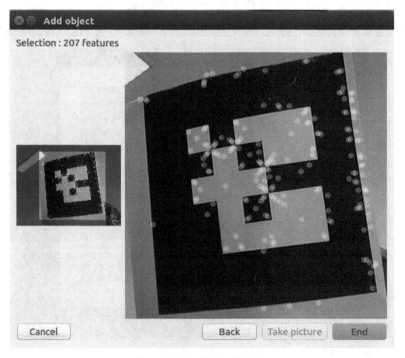

图 3-28　完成物体的标记

6）通过 print_objects_detected 节点可以查看运行的结果。打开终端，输入下面的命令：

```
$ rosrun find_object_2d print_objects_detected
```

7）用摄像头寻找物体，寻找结果如图 3-29 所示。

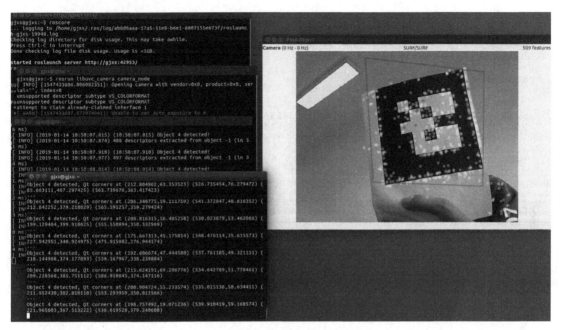

图 3-29　寻找结果

其中物体细节如图 3-30 所示。

```
gjxs@gjxs: ~
---
Object 14 detected, Qt corners at (-1801.889404,3325.340576) (614.616464,24.5725
41) (1488.257341,1789.295799) (1004.585842,68.520032)
---
No objects detected.
---
Object 14 detected, Qt corners at (571.970032,553.645203) (553.880345,-11.245723
) (1014.483134,601.489774) (1055.013934,-8.770993)
---
Object 14 detected, Qt corners at (560.489868,561.322998) (550.192189,-15.748876
) (1011.984076,593.672760) (1047.220233,6.263547)
---
Object 14 detected, Qt corners at (495.760406,632.613281) (555.352961,24.802289)
 (1154.956158,650.837741) (989.366071,76.436624)
---
Object 14 detected, Qt corners at (566.795471,559.852905) (557.741762,-14.869887
) (1019.576195,617.100986) (1057.683612,-4.707155)
---
Object 14 detected, Qt corners at (639.092529,500.755615) (520.008333,-48.819686
) (991.158622,544.302724) (1083.888361,-55.620175)
---
Object 14 detected, Qt corners at (563.036011,553.138611) (553.641571,-16.949564
) (1012.266074,594.844105) (1052.738424,4.722860)
```

图 3-30　物体细节

8）通过 /object 话题获取被检测物体的完整信息，新建一个终端，输入以下命令：

```
$ rostopic echo /objects
```

检测结果如图 3-31 所示。

```
gjxs@gjxs: ~
0.46484375, 607.3538818359375, 1.0]
---
layout:
  dim: []
  data_offset: 0
data: [14.0, 557.0, 474.0, -0.4049083888530731, -0.9976978302001953, -0.00038054
256583563983, 0.7683607935905457, -0.052314579486846924, -0.00010064804519060999
, 659.0812377929688, 584.1495361328125, 1.0]
---
layout:
  dim: []
  data_offset: 0
data: [14.0, 557.0, 474.0, 2.5840566158294678, -1.4295556545257568, 0.0027794158
086180687, 1.5183191299438477, -0.19260728359222412, -0.0006557591259479523, 217
.69740295410156, 1024.9814453125, 1.0]
---
layout:
  dim: []
  data_offset: 0
data: [14.0, 557.0, 474.0, 3.226456642150879, -2.2843868732452393, 0.00390548398
71823788, 4.053019046783447, 0.19987957179546356, 0.0010468234540894628, 55.0174
560546875, 1441.11767578125, 1.0]
---
```

图 3-31 被检测物体的完整信息

圈起来的数字为被检测物体的宽度和高度，其后面为 3×3 单应性矩阵。

结果汇报

1. 各小组完成任务的各个步骤，并接受检查。
2. 各小组完成任务后进行总结，然后关闭机器人的上位机及电源，清洁自己的工位并归还机器人配套的键盘、鼠标、控制器等设备。

思 考 题

1. 对被识别物体进行旋转，查看位置识别结果，思考物体的旋转是如何被检测到的。
2. 更换不同的物体进行识别，对比物体识别的结果。

任务评价

通过以上学习，根据任务实施过程，将完成任务情况记录在下表中，并完成任务评价。

班级		姓名		学号		日期	年　月　日

	学习任务名称：		
自我评价	1. 是否能理解物体识别功能包的原理	□是　　□否	
	2. 是否能掌握 find_object_2d 功能包的使用方法	□是　　□否	
	3. 是否能通过 find_object_2d 功能包获取物体的位置信息	□是　　□否	
	在完成任务时遇到了哪些问题？是如何解决的？		
	1. 是否能够独立完成工作页的填写	□是　　□否	
	2. 是否能按时上、下课，着装规范	□是　　□否	
	3. 学习效果自评等级	□优　　□良　　□中　　□差	
	总结与反思：		
小组评价	1. 在小组讨论中能积极发言	□优　　□良　　□中　　□差	
	2. 能积极配合小组成员完成工作任务	□优　　□良　　□中　　□差	
	3. 在查找资料信息中的表现	□优　　□良　　□中　　□差	
	4. 能够清晰表达自己的观点	□优　　□良　　□中　　□差	
	5. 安全意识与规范意识	□优　　□良　　□中　　□差	
	6. 遵守课堂纪律	□优　　□良　　□中　　□差	
	7. 积极参与汇报展示	□优　　□良　　□中　　□差	
教师评价	综合评价等级： 评语： 教师签名：　　　　　　年　月　日		

任务 7　骨骼跟随应用的实现与调试

任务概述

本任务学习使用深度摄像头实现人体的骨骼识别和骨骼追踪，包括深度摄像头的骨骼信息获取、算法流程、算法实现和实验操作，实现使用骨骼信息控制机器人跟随人体移动功能。

任务要求

1. 能利用 OpenNI2+NiTE2 来进行人体骨骼信息的获取。
2. 能通过获取的人体骨骼位置信息进行跟随控制。

任务准备

1. 检查机器人上的摄像头是否正确连接。

2. 检查机器人上的急停开关。若急停开关被按下，将急停开关旋开。

3. 预习知识链接中的内容，了解骨骼跟随的算法流程。

知识链接

一、骨骼信息的获取

通过奥比中光相机和 NiTE2（3D 计算机视觉中间件）、openNI2（开放式的自然交互中间件）相应的 API（应用程序接口）进行人体的骨骼识别，识别到人体骨骼之后进行跟踪；获取人体骨骼之后，计算每个关节的三维坐标，并将关节信息转换成深度图像，同时用 OpenCV 为每个关节涂上颜色。

二、算法流程

算法流程：启动深度相机→捕捉骨骼信息 →计算人体位置信息→发布人体位置信息话题→订阅人体位置话题并进行判断人体相当于机器人的位置→ 控制底盘做相应的运动。

三、算法实现

骨骼识别主要节点和话题见表 3-6。

表 3-6　骨骼识别主要节点和话题

参　　数	名　　称	说　　明
skeleton_track	骨骼识别	利用奥比中光相机和 OpenNI 进行骨骼识别
castlex_stm32_bridge	上位机和下位机通信功能包	启动机器人底盘驱动
castlex_follow_node	骨骼跟随节点	启动进行骨骼跟随
cmd_vel	底盘运动控制话题	对机器人的底盘进行控制

任务内容

实现骨骼跟随应用：

1）在 castlex_follow 功能包中创建 launch 文件夹。新建一个终端，输入以下命令：

```
$ roscd castlex_follow
$ mkdir launch
```

2）在 castlex_follow 功能包中的 launch 文件夹中创建 castlex_follow.launch 文件。在终端输入以下命令：

```
$ roscd castlex_follow/launch
$ touch castlex_follow.launch
```

3）在终端输入下面命令编写 castlex_follow.launch 文件：

```
$ gedit castlex_follow.launch
```

castlex_follow.launch（文件）内容如下：

```
<?xml version='1.0' encoding='utf-8'?>
<launch>

    <include file="$(find castlex_stm32_bridge)/launch/castlex_stm32_ bridge.
launch" />
    <include file="$(find skeleton_track)/launch/skeleton_track.launch" />
    <node pkg="castlex_follow" type="castlex_follow_node" name= "castlex_
follow_node">

    <remap from="follow_vel" to="cmd_vel"/>
    </node>
</launch>
```

4）启动骨骼跟随：

```
$ roslaunch castlex_follow castlex_follow.launch
```

举起双手到胸前启动骨骼跟随。当机器人与人的距离大于 1.7m 时，机器人向人靠近；当机器人与人的距离小于 1.6m 时，机器人远离人；当机器人与人的距离为 1.6 ~ 1.7m 时，机器人不运动；当人左右运动时，机器人会跟着转动。

骨骼跟随如图 3-32 所示。

图 3-32　骨骼跟随

当需要机器人停止跟随时，将双手交叉于胸前。

📖 结果汇报

1.各小组完成任务的各个步骤，并接受检查。

2.各小组完成任务后进行总结，然后关闭机器人的上位机及电源，清洁自己的工位并归还机器人配套的键盘、鼠标、控制器等设备。

✔ 思 考 题

为什么骨骼跟随的距离是一个范围？如果不是范围有什么坏处？

✍ 任务评价

通过以上学习，根据任务实施过程，将完成任务情况记录在下表中，并完成任务评价。

班级		姓名		学号		日期	年 月 日
学习任务名称：							
自我评价	1.是否能了解骨骼跟随流程			□是	□否		
	2.是否能编写 castlex_follow.launch 文件			□是	□否		
	3.是否能实现骨骼跟随测试			□是	□否		
	在完成任务时遇到了哪些问题？是如何解决的？						
	1.是否能够独立完成工作页的填写			□是	□否		
	2.是否能按时上、下课，着装规范			□是	□否		
	3.学习效果自评等级			□优	□良	□中	□差
	总结与反思：						
小组评价	1.在小组讨论中能积极发言			□优	□良	□中	□差
	2.能积极配合小组成员完成工作任务			□优	□良	□中	□差
	3.在查找资料信息中的表现			□优	□良	□中	□差
	4.能够清晰表达自己的观点			□优	□良	□中	□差
	5.安全意识与规范意识			□优	□良	□中	□差
	6.遵守课堂纪律			□优	□良	□中	□差
	7.积极参与汇报展示			□优	□良	□中	□差
教师评价	综合评价等级： 评语：						
				教师签名：		年 月 日	

项目 4

智能语音交互编程与调试

4

智能语音，即智能语音技术，是实现人机语言的通信，包括语音识别技术（ASR）、语音合成技术（TTS）。智能语音技术的研究是以语音识别技术为开端，可以追溯到 20 世纪 50 年代。随着信息技术的发展，智能语音技术已经成为人们信息获取和沟通最便捷、最有效的手段。

在物联网时代，语音被视为人机交互的入口，技术的迅猛发展使得语音控制也变得更为实用。在接下来的几年里，智能语音将成为人机交互的新范式，语音技术将解放人类的双手和眼睛，用户可以用较低的成本实现随时访问。

任务1 语音识别功能的认识与运行

📝 任务概述

本任务学习智能语音系统的语音识别功能（ASR），包括语音识别的概念、端点检测技术以及科大讯飞在线语音识别服务的特点。本任务以在 ROS 平台下实现科大讯飞在线语音服务为载体，完成课程目标的学习。

☞ 任务要求

1. 了解科大讯飞在线语音识别服务的基本原理。
2. 掌握 Castle-X 机器人语音识别功能包的使用方法。

🥕 任务准备

1. 检查机器人网络连接是否正常。
2. 检查麦克风连接是否正常。
3. 预习知识链接中的内容，了解语音识别的概念。

🎗 知识链接

一、语音识别的概念

　　语音识别全称为 ASR（Automatic Speech Recognition）自动语言识别技术，是一种将人的语言转换为文本的技术。语言识别是一个多学科交叉的领域，它与声学、语言学、语音学、数字信号处理、计算机科学等众多学科紧密相连。自动语音识别通常有以下几种分类方法：

　　1）按用户类别分类：特定人识别系统和非特定人识别系统。

　　2）按语音输入方式分类：孤立词识别系统、连续词识别系统、连续语音识别系统。

　　3）按语音的方言背景分类：普通话语音识别系统、方言普通话语音识别系统、方言语音识别系统。

　　4）按语音的情感状态分类：中性语音识别系统、情感语音识别系统。

　　语音识别可以分为语音输入、编码、解码、文字输出等过程，如图 4-1 所示。

图 4-1　语音识别流程

二、科大讯飞在线语音识别服务

　　本任务将应用科大讯飞提供的语音听写服务。它把语音（时间 ≤ 60s）转换成对应的文字信息，让机器能够"听懂"人类的语言，相当于给机器安装上"耳朵"，使其具备"能听"的功能。该服务有如下特点：

　　1）在线转换，因此设备必须联网。

　　2）语音识别准确率较高。

　　3）支持多语种 / 方言（中文、英文 / 粤语、河南话和四川话等）。

　　4）能够结合语句预测语境，提供智能断句和标点符号的预测。

　　5）用户需要注册科大讯飞开放平台账号才能请求科大讯飞提供在线语音识别服务。

三、语音端点检测技术介绍

　　语音端点检测 VAD（Voice Activity Detection），又称为语音边界检测。其作用是检测用户有没有说完一句话，何时停止录音返回识别结果。在语音应用中进行语音的端点检测是很必要的。首先很简单的一点，在进行语音识别时，计算机必须进行录音，然后将录得的音频上传至云端进行语音识别服务；但一段音频中总有空白的或没有声音的部分，此时应用 VAD（语言边界检测）技术从连续的语音流中分离出有效语音，可以降低存储或传输的数据量，提高语音识别的效率，如图 4-2 所示。

图 4-2　音频波形（振幅可视为有人在说话）

四、castle_xf_asr_node 介绍

castle_xf_asr_node（节点）是 Castle-X 机器人使用语音识别功能时启动的功能节点。其底层代码位于 ~ /catkin_ws/src/castle_voice_system/src/hg_xf_ asr.cpp（路径）。

该节点订阅与发布的相关信息见表 4-1。

表 4-1　castle_xf_asr_node 节点订阅与发布的相关信息

	话题名称 [消息类型]	说　明
发布	/voice/castle_tl_nlu_topic [std_msgs/String]	将语音识别后获得的结果作为文本信息，并作为下一步语义理解的输入
订阅	/voice/castle_xf_asr_topic [std_msgs/Int32]	语音唤醒的通道，若从订阅话题接收到数据 "1"，则说明语音识别被唤醒，开始录音

castle_xf_asr_node（节点）底层代码重要参数：

appid：它是科大讯飞开放平台的账户信息，其中 APPID（科大讯飞应用账号）为创建语音服务应用后分配的唯一的 ID（账号）。

speech_param：它是请求语音识别时的会话参数，各会话参数的具体说明见表 4-2。

表 4-2　speech_param 参数的具体说明

参　数	名　称	说　明
sub	本次识别请求的类型	iat：连续语音识别 asr：语法、关键词识别 默认为 iat
domain	领域	iat：连续语音识别 asr：语法、关键词识别 search：热词 video：视频 poi：地名 music：音乐 默认为 iat 注意：sub=asr 时，domain 只能为 asr
language	语言	可取值： zh_cn：简体中文 en_us：英文 默认值：zh_cn
accent	语言区域	可取值： mandarin：普通话 cantonese：粤语 lmz：四川话 默认值：mandarin
sample_rate	音频采样率	可取值：16000，8000 默认值：16000 音频采样率是指录音设备在 1s 内对声音信号的采样次数。采样频率越高，声音的还原就越真实、越自然
result_type	结果格式	可取值：plain，json 默认值：plain plain 和 json 都是一种轻量级的数据交换格式，易于人阅读和编写，同时也易于机器解析和生成
result_encoding	识别结果字符串所用编码格式	GB2312；UTF-8；UNICODE 不同的格式支持不同的编码： plain：UTF-8，GB2312 json：UTF-8

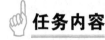

任务内容

一、获取科大讯飞语音识别的 SDK

1）登录科大讯飞开放平台（https：//www.xfyun.cn/）。

2）注册一个科大讯飞开放平台账户，注册成功以后登录平台。

3）在工具栏进入：产品服务→语音识别→语音听写，并单击"立即开通"按钮，如图 4-3 所示。

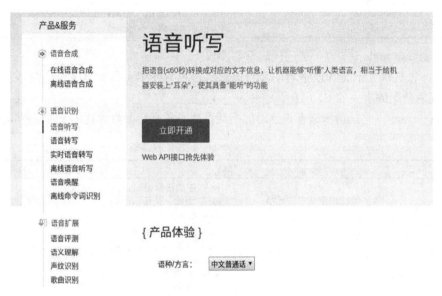

图 4-3　开通语音识别

4）选择"创建新应用"，根据实际情况填写相关信息，如图 4-4 所示。

图 4-4　创建新应用

注意： 创建新应用成功后，必须记录新应用的 APPID！

查看应用的 APPID 方法是返回科大讯飞开放平台首页,单击网页右上角"控制台",在"我的应用"选项中出现刚创建的 SDK(软件开发工具包),如图 4-5 所示。

图 4-5　我的应用

按照上述操作即可查看自己新创建的应用的 APPID。

5)选择下方的"添加新服务",添加语音听写服务,如图 4-6 所示。

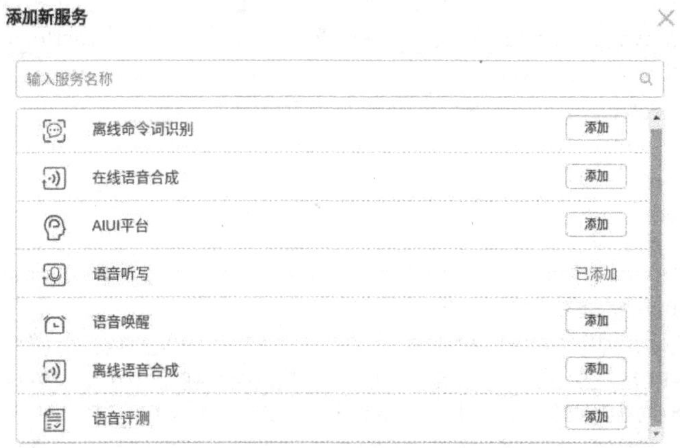

图 4-6　添加新服务

6)至此,已成功创建新应用及服务。返回"我的应用"页面,单击"SDK 下载"按钮,下载路径自定义,如图 4-7 所示。

图 4-7　下载 SDK

7）下载完成后，双击文件解压并打开目录，可见图 4-8 所示目录。

图 4-8　SDK 内的文件

8）进入 /libs/x64 目录下，可见图 4-9 所示文件。

9）在该目录下打开终端 [方法：在空白处右击鼠标→选择"在终端打开（T）"]，输入指令：

```
$ sudo cp libmsc.so /usr/lib
```

图 4-9　动态链接库 libmsc.so

具体如图 4-10 所示。

```
kyle@kyle-E402SA: ~/hg_voice/hg_tts/libs/x64
kyle@kyle-E402SA:~/hg_voice/hg_tts/libs/x64$ sudo cp libmsc.so /usr/lib
```

图 4-10　复制 libmsc 文件到 /usr/lib 目录下

10）到 ~ /catkin_ws/src/castle_voice_system/launch 目录下打开 castle_asr.launch（文件）。

```
$ cd ~ /catkin_ws/src/castle_voice_system/launch
$ gedit castle_asr.launch
<?xml version = "1.0"?>
<launch>

<node pkg = "castle_voice_system"type = "castle_xf_asr_node"name = "castle_
xf_asr_node"output="screen">
<param name="appid"value="appid = ********, work_dir = ."/>
<param name="speech_param"value="sub = iat, domain = iat, language = zh_cn, ac-
cent = mandarin, sample_rate = 16000, result_type = plain, result_encoding = utf8"/>
</node>
</launch>
```

将代码中的"********"修改成自己创建的应用的 APPID。

二、体验语音识别功能效果

1）打开新终端窗口，输入如下指令编译工作空间：

```
$ cd ~ /catkin_ws
$ catkin_make
```

2）待编译成功后，打开新的终端窗口，运行 Castla-X 机器人的在线语音识别功能包，输入以下指令：

```
$ roslaunch castle_voice_system castle_asr.launch
```

运行节点成功后，终端窗口如图 4-11 所示。

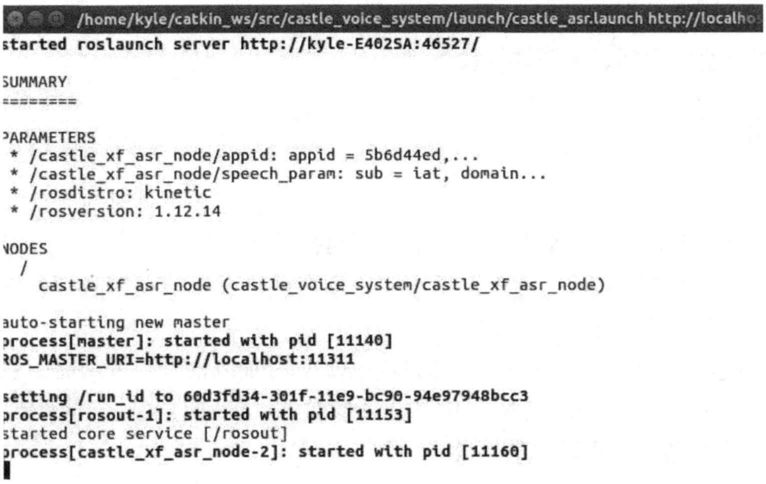

图 4-11　启动 castle_xf_asr_node 节点

3）进行语音识别效果测试：打开新的终端窗口，通过往主题发布的形式向语音识别节点程序发送唤醒指令。之后，机器人开启录音功能并将语音上传至科大讯飞云端进行处理，最后返回识别结果，具体操作如图 4-12 所示。

```
$ rostopic pub -1 /voice/castle_xf_asr_topic std_msgs/Int32 1
```

图 4-12　运行命令

输入上条指令后，可尝试对机器人的麦克风说话，例如"你好"。之后，查看语音识别节点的终端窗口，可见图 4-13 所示运行结果。

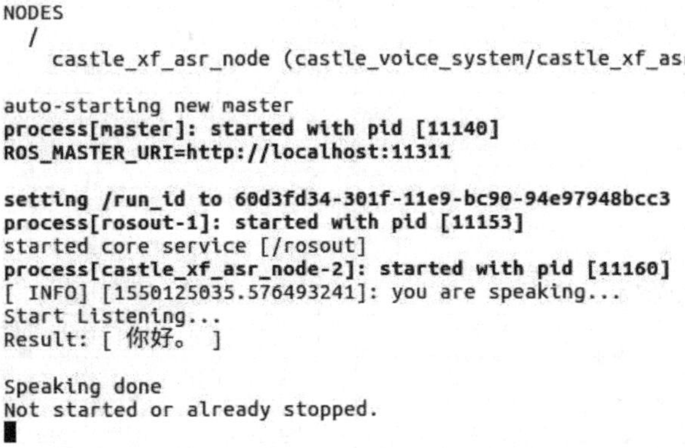

图 4-13　运行效果

📖 结果汇报

1）各小组完成任务的各个步骤，并接受检查。

2）各小组完成任务后进行总结，然后关闭机器人的上位机及电源，清洁自己的工位并归还机器人配套的键盘、鼠标、控制器等设备。

✔ 思 考 题

1）应用 rosnode、rostopic 的相关指令，查看语音识别节点程序运行时的节点信息和话题信息。

2）应用 rqt_graph 指令查看语音识别节点程序运行时的计算图。

3）思考：为什么每次进行语音识别都需要手动向话题发布消息来唤醒程序后才开始进行录音？能不能让机器人持续进行录音？

4）根据"体验语音识别功能效果"中的步骤 3，思考加入语音唤醒功能的意义。

5）查看 "castal_xf_asr_node 介绍"中各会话参数的功能和意义，尝试修改 launch 文件中的 speech_param 以调整语音识别时的性能。

✍ 任务评价

通过以上学习，根据任务实施过程，将完成任务情况记录在下表中，并完成任务评价。

班级		姓名		学号		日期	年　月　日	
自我评价	1. 是否能理解语音识别概念			□是	□否			
	2. 是否能创建并下载语音识别 SDK			□是	□否			
	3. 是否能修改 APPID 并链接 libmsc.so 动态链接库			□是	□否			
	4. 是否能编写 castle_asr.launch 文件			□是	□否			
	5. 是否能完成语音识别测试			□是	□否			
	在完成任务时遇到了哪些问题？是如何解决的？							
	1. 是否能够独立完成工作页的填写			□是	□否			
	2. 是否能按时上、下课，着装规范			□是	□否			
	3. 学习效果自评等级			□优	□良	□中	□差	
	总结与反思：							
小组评价	1. 在小组讨论中能积极发言			□优	□良	□中	□差	
	2. 能积极配合小组成员完成工作任务			□优	□良	□中	□差	
	3. 在查找资料信息中的表现			□优	□良	□中	□差	
	4. 能够清晰表达自己的观点			□优	□良	□中	□差	
	5. 安全意识与规范意识			□优	□良	□中	□差	
	6. 遵守课堂纪律			□优	□良	□中	□差	
	7. 积极参与汇报展示			□优	□良	□中	□差	
教师评价	综合评价等级： 评语： 教师签名：　　　　　年　月　日							

任务2 语义理解功能的实现与调试

✎ 任务概述

本任务学习智能语音系统的语义理解功能（NLU），包括语义理解的概念及图灵语义理解服务的特点。本任务将在 ROS 平台下实现图灵语义理解服务，并且实现语音识别和语义理解功能的结合应用。

☞ 任务要求

1. 了解图灵机器人的在线语义理解服务。
2. 掌握 Castle-X 机器人的图灵语义理解功能包的使用方法。

✿ 任务准备

1. 检查机器人网络连接是否正常。
2. 检查麦克风连接是否正常。
3. 预习知识链接中的内容，了解语义理解的概念。

✑ 知识链接

一、语义理解的概念

语义理解 NLU（Natural Language Understanding）是自然语言理解的简称。对于计算机而言，无论是中文字符还是英文字符，它们都是表征二进制数据的符号，是没有任何意义的。如果要让机器人理解我们对它说的话，则需要用到语义理解 NLU 功能。我们向程序输入一段文本，例如"你好，你是谁"，机器人会应用语义理解功能对文本进行处理，理解文本要表达的意义，经过处理分析后给出相应的回复"你好，我是 castle-X 机器人"，因此有时语义理解也被称为语言处理 NLP（Natural Language Processing），如图 4-14 所示。

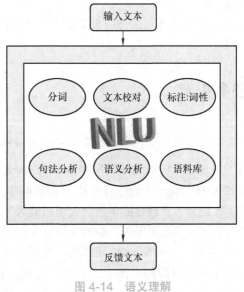

图 4-14 语义理解

二、图灵机器人的在线语义理解服务

图灵机器人是目前国内开发中文语义理解功能最先进的企业之一，其对中文语义的理解准确率十分高。通过图灵机器人，用户能够以高效的方式开发聊天机器人、客服机器人和服务机器人等，因此本任务将应用图灵机器人实现较为简单的机器人聊天功能。

图灵机器人语义理解服务有如下特点：

1）在线转换，因此设备必须联网。

2）擅长中文聊天对话。

3）可自定义机器人的身份，如性别、年龄、关键词过滤等。

4）提供上下文联系的服务，如用户问："今天广州天气怎样？"下次即可问："明天呢？"。

5）用户需要注册图灵机器人开放平台账号才可请求图灵机器人提供服务。

三、castle_tl_nlu_node 介绍

castle_tl_nlu_node（节点）是 Castle-X 机器人使用语义理解功能时启动的功能节点。其底层代码位于 ~ /catkin_ws/src/castle_voice_system/src/hg_tl_ nlu.cpp 文件中。

该节点订阅与发布的相关信息见表 4-3。

表 4-3　hg_tl_nlu 节点订阅与发布的相关信息

	话题名称 [消息类型]	说　明
发布	/voice/castle_xf_tts_topic [std_msgs/String]	语义理解处理后获得机器应答的反馈文本，作为下一步语音合成的输入
订阅	/voice/castle_tl_nlu_topic [std_msgs/String]	语义理解订阅该话题上的消息，获得输入文本

castle_tl_nlu_node（节点）底层代码重要参数：

tuling_key：它是图灵机器人的账户信息，每个人注册图灵机器人开放平台后分配的唯一的 tuling_key。

userid：它是进行会话时的会话 ID，只有设置 userid（使用者账号）后才可提供上下文联系的服务。

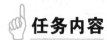

任务内容

一、获取图灵机器人语义理解 SDK

1）登录图灵机器人开放平台 http：//www.tuling123.com/，并单击"拥有你的专属机器人"按钮，然后按照提示完成账号注册，如图 4-15 所示。

2）在机器人管理界面单击"创建机器人"按钮，如图 4-16 所示。

3）填写"创建机器人"的相关信息，如图 4-17 所示。

这里需要注意的是，"应用终端"选择的是"其他"，其余信息可根据自己的需要填写。

4）在随后出现的界面中，找到"机器人设置"界面，在这个界面下会看到"终端设置"以及"人物设置"。在终端设置下，找到 api 接入（应用程序接口），记录 apikey（图灵机器人账户），这个 apikey 是我们接入图灵机器人的账号凭证，如图 4-18 所示。

图 4-15　图灵机器人网页

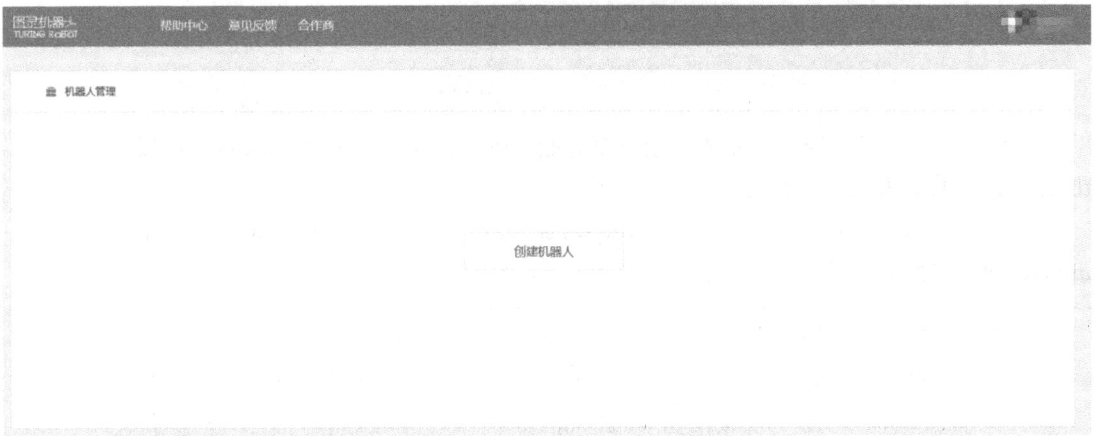

图 4-16　创建图灵机器人 SDK

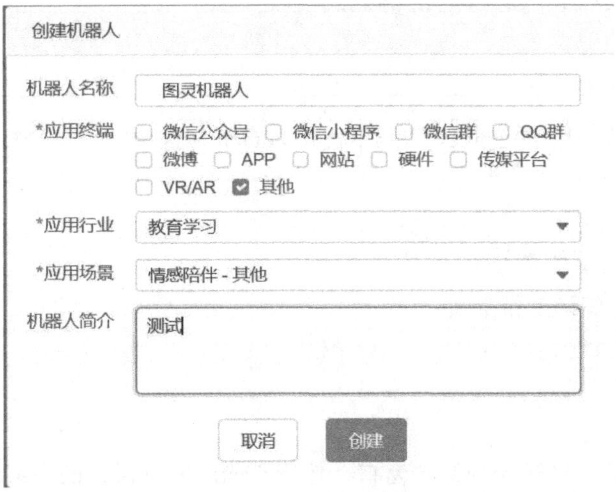

创建机器人

机器人名称　　　图灵机器人

*应用终端　　□ 微信公众号　□ 微信小程序　□ 微信群　□ QQ群
　　　　　　　□ 微博　□ APP　□ 网站　□ 硬件　□ 传媒平台
　　　　　　　□ VR/AR　☑ 其他

*应用行业　　　教育学习　　　　　　　　　　　　　　　　▼

*应用场景　　　情感陪伴 - 其他　　　　　　　　　　　　▼

机器人简介　　　测试

取消　　创建

图 4-17　填写创建信息

图 4-18　找到 apikey

至此，创建图灵机器人已完成。接下来开始将图灵机器人接入到 Castle-X 机器人，让 Castle-X 能理解我们说的中文意义。

5）launch 文件修改账号，在 ~ /catkin_ws/src/castle_voice_system/launch 目录下打开 castle_nlu.launch（文件）。可看到如下代码：

```
<?xml version = "1.0"?>
<launch>

    <node pkg    = "castle_voice_system"    type="castle_tl_nlu_node"
"castle_tl_nlu_node"output="screen">
<param name="tuling_key"value="******************"/>
<param name="userid"value="HGcastle"/>
</node>
</launch>
```

将刚才注册账号后记录的 apikey 密码串代替 launch 文件中的 "******************"，完成后保存 launch 文件。

二、体验语义理解功能结果

1）输入如下指令编译工作空间：

```
$ cd ~ /catkin_ws
$ catkin_make
```

2）待编译成功后，打开新的终端窗口，运行 Castle-X 机器人的在线语音识别功能包，输入以下指令：

```
$ roslaunch castle_voice_system castle_nlu.launch
```

运行节点成功后，终端窗口如图 4-19 所示。

```
started roslaunch server http://kyle-E402SA:43581/

SUMMARY
========

PARAMETERS
 * /castle_tl_nlu_node/tuling_key: ed534c318bf74baf8...
 * /castle_tl_nlu_node/userid: HGcastle
 * /rosdistro: kinetic
 * /rosversion: 1.12.14

NODES
 /
    castle_tl_nlu_node (castle_voice_system/castle_tl_nlu_node)

auto-starting new master
process[master]: started with pid [14552]
ROS_MASTER_URI=http://localhost:11311

setting /run_id to 62893c32-302b-11e9-bc90-94e97948bcc3
process[rosout-1]: started with pid [14565]
started core service [/rosout]
process[castle_tl_nlu_node-2]: started with pid [14573]
```

图 4-19　节点运行成功

3）进行语义理解效果测试：打开新的终端窗口，通过往主题发布的形式向语义理解节点程序发送中文句子，之后机器人开始理解句子的意义并做出回答，输入指令：

```
$ rostopic pub -1 /voice/castle_tl_nlu_topic std_msgs/String "你是谁？"
```

如上，例如向机器人询问："你是谁？"经过短暂延迟，语义理解程序节点终端窗口下会有如下回答返回，如图 4-20 所示。

```
 * /castle_tl_nlu_node/tuling_key: ed534c318bf74baf8...
 * /castle_tl_nlu_node/userid: HGcastle
 * /rosdistro: kinetic
 * /rosversion: 1.12.14

NODES
 /
    castle_tl_nlu_node (castle_voice_system/castle_tl_nlu_node)

auto-starting new master
process[master]: started with pid [14552]
ROS_MASTER_URI=http://localhost:11311

setting /run_id to 62893c32-302b-11e9-bc90-94e97948bcc3
process[rosout-1]: started with pid [14565]
started core service [/rosout]
process[castle_tl_nlu_node-2]: started with pid [14573]
ed534c318bf74baf83b807516b646480我:你是谁?
post json string:{"key" : "ed534c318bf74baf83b807516b646480","info" : "你是谁？"
,"userid" : "HGcastle"}
tuling server response origin json str:{"code":100000,"text":"我是图灵机器人～"}
response code:100000
response text:我是图灵机器人～
```

图 4-20　语义理解测试

除此之外，还可尝试询问机器人天气，比如"今天广州天气怎样？"或者和它聊天，例如"说个故事""说个绕口令"等，输入以下指令：

```
$ rostopic pub -1 /voice/castle_tl_nlu_topic std_msgs/String "说个绕口令"
```

三、配合语音识别功能包尝试与机器人聊天

打开上面使用的科大讯飞语音识别功能包，打开新的终端，输入指令：

```
$ roslaunch castle_voice_system castle_asr.launch
```

打开新的终端，通过往主题发布的形式向语音识别节点程序发送唤醒指令，之后机器人开启录音功能并将语音上传至科大讯飞云端进行处理，最后返回识别结果。具体操作如下：

```
$ rostopic pub -1 /voice/castle_xf_asr_topic std_msgs/Int32 1
```

对机器人麦克风说一段话，例如说："今天广州天气怎样？"。当语音识别成功后，查看图灵机器人的语义理解程序运行窗口，如图 4-21 所示。

```
我:今天广州天气。
post json string:{"key" : "ed534c318bf74baf83b807516b646480","info" : "今天广州天气。","userid" : "HGcastle"}
tuling server response origin json str:{"code":100000,"text":"广州:周四 02月14日,多云转阴 东南风微风,最低气温18℃ , 最高气温24℃ "}
response code:100000
response text:广州:周四 02月14日,多云转阴 东南风微风,最低气温18℃ , 最高气温24℃
```

图 4-21　语音识别 + 语义理解测试

至此，通过本次实验，实现了 Castle-X 语音查询天气的功能。重复上述步骤，还可实现语音聊天功能，例如向麦克风说"说个绕口令"等有趣的句子。

结果汇报

1. 各小组完成任务的各个步骤，并接受检查。
2. 各小组完成任务后进行总结，然后关闭机器人的上位机及电源，清洁自己的工位并归还机器人配套的键盘、鼠标、控制器等设备。

思考题

1. 到图灵机器人开放平台界面修改机器人性别、年龄、星座等信息。
2. 思考：当机器人拥有语义理解的功能后，能应用于哪些实际工作环境中？请举例说明。
3. 应用 rosnode、rostopic 相关指令，查看语义理解、语音识别节点程序运行时的节点、话题相关信息。
4. 同时运行语义理解、语音识别节点程序，应用 rqt_graph 指令查看计算图，用自己的语音解释两个节点的关系。

任务评价

通过以上学习，根据任务实施过程，将完成任务情况记录在下表中，并完成任务评价。

班级		姓名			学号		日期	年 月 日

	学习任务名称：							
自我评价	1. 是否能理解语义理解的概念	□是	□否					
	2. 是否能创建并下载语义理解 SDK	□是	□否					
	3. 是否能修改 tuling_key 参数	□是	□否					
	4. 是否能完成语义理解测试	□是	□否					
	5. 是否能完成语音识别 + 语义理解测试	□是	□否					
	在完成任务时遇到了哪些问题？是如何解决的？							
	1. 是否能够独立完成工作页的填写	□是	□否					
	2. 是否能按时上、下课，着装规范	□是	□否					
	3. 学习效果自评等级	□优	□良	□中	□差			
	总结与反思：							
小组评价	1. 在小组讨论中能积极发言	□优	□良	□中	□差			
	2. 能积极配合小组成员完成工作任务	□优	□良	□中	□差			
	3. 在查找资料信息中的表现	□优	□良	□中	□差			
	4. 能够清晰表达自己的观点	□优	□良	□中	□差			
	5. 安全意识与规范意识	□优	□良	□中	□差			
	6. 遵守课堂纪律	□优	□良	□中	□差			
	7. 积极参与汇报展示	□优	□良	□中	□差			
教师评价	综合评价等级： 评语： 教师签名：　　　　　　年 月 日							

任务 3　语音合成功能的实现与调试

✐ 任务概述

本任务学习智能语音系统的语音合成功能（TTS），包括语音合成的概念及科大讯飞在线语音合成服务的优点。本任务将在 ROS 平台下实现科大讯飞在线语音合成服务并且实现语音识别、语义理解、语音合成功能的结合应用。

任务要求

1. 了解科大讯飞在线语音合成服务的基本原理。

2. 应用 Castle-X 机器人自带的语音合成功能包将任意文本转化成音频，并经扬声器播放，相当于给机器人装上了一个"嘴巴"。

任务准备

1. 检查机器人网络连接是否正常。

2. 检查麦克风连接是否正常。

3. 预习知识链接中的内容，了解语音合成的概念，熟悉语音合成节点。

知识链接

一、语音合成的概念

语音合成 TTS（Text To Speech）是将文本转换成语音的技术，它能通过扬声器将合成的语音文件播放出来，即可以听到语音反馈，如图 4-22 所示。

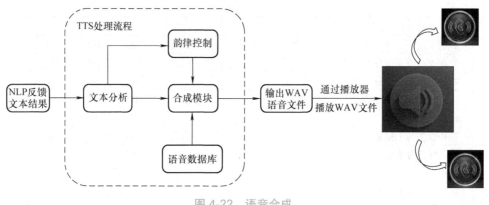

图 4-22　语音合成

二、科大讯飞的在线语音合成服务

从整个语音系统来说，选中一个优质的云端平台十分关键。一个优质的语音平台对于研发初期简直是如虎添翼。

从语音合成来看，科大讯飞的语音合成云端平台拥有以下几点优势：

1）发音自然。

2）平台开放。

3）对开发者友好。

4）开放程度高。

5）免费。

三、castle_xf_tts_node 介绍

castle_xf_tts_node（节点）是 Castle-X 机器人使用语音合成功能时启动的功能节点。其底层代码位于 ~ /catkin_ws/src/castle_voice_system/src/hg_xf_ tts.cpp 文件中。

该节点订阅与发布的相关信息见表 4-4。

表 4-4　castle_xf_tts_topic 节点订阅与发布的相关信息

	话题名称 [消息类型]	说　明
发布	—	—
订阅	/voice/castle_xf_tts_topic [std_msgs/String]	语音合成的输入是文本信息，通过处理，将文本转成音频播放

castle_xf_asr_node（节点）底层代码重要参数：

APPID：APPID 是科大讯飞开放平台的账户信息，其中 APPID 为创建语音服务应用后分配的唯一的 ID。

speech_param：它是请求语音识别时的会话参数。各会话参数具体说明见表 4-5，发音人列表见表 4-6。

表 4-5　speech_param 参数具体说明

参　数	名　称	说　明
voice_name	发音人	不同的发音人代表了不同的音色，如男声、女声、童声等，详情请参照表 4-6
text_encoding	文本编码格式（必传）	合成文本编码格式，支持 参数：GB2312，GBK，BIG5，UNICODE，GB18030，UTF8
sample_rate	合成音频采样率	合成音频采样率，支持参数：16000Hz，8000Hz，默认为 16000Hz
speed	语速	合成音频对应的语速，取值范围为 [0，100]。数值越大，语速越快。默认值为 50
volume	音量	合成音频的音量，取值范围为 [0，100]。数值越大，音量越大。默认值为 50
pitch	语调	合成音频的音调，取值范围为 [0，100]。数值越大，音调越高。默认值为 50
rdn	数字发音	合成音频数字发音，支持参数，0 数值优先，1 完全数值，2 完全字符串，3 字符串优先。默认值为 0

表 4-6　发音人列表

发音人	参数名称	语种 / 方言	音色
小燕	xiaoyan	普通话	青年女声
燕平	yanping	普通话	青年女声
晓峰	xiaofeng	普通话	青年男声
晓婧	xiaojing	普通话	青年女声
唐老鸭	donaldduck	普通话	卡通
许小宝	babyxu	普通话	童声
楠楠	nannan	普通话	童声

（续）

发音人	参数名称	语种 / 方言	音色
晓梦	xiaomeng	普通话	青年女声
晓琳	xiaolin	台湾地区普通话	青年女声
晓倩	xiaoqian	东北话	青年女声
晓蓉	xiaorong	四川话	青年女声
小坤	xiaokun	河南话	青年男声
小强	xiaoqiang	湖南话	青年男声
晓美	xiaomei	粤语	青年女声
大龙	dalong	粤语	青年男声
Catherine	catherine	美式纯英语	青年女声
John	john	美式纯英语	青年男声
以下发音人仅在线提供			
henry	henry	英语	青年男声
玛丽安	mariane	法语	青年女声
阿拉本	allabent	俄罗斯语	青年女声
加芙列拉	gabriela	西班牙语	青年女声
艾伯哈	abha	印地语	青年女声
小云	xiaoyun	越南语	青年女声

 任务内容

一、获取科大讯飞语音合成 SDK

1）登录科大讯飞开放平台，进入在线语音合成界面，如图 4-23 所示。

图 4-23　科大讯飞语音合成

2）添加在线语音合成服务，如图 4-24 所示。

3）返回控制台界面，记录 APPID。

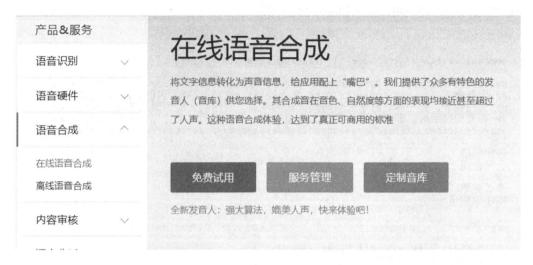

图 4-24　添加在线语音合成服务

4）launch 文件修改 APPID，到 ~ /catkin_ws/src/castle_voice_system/launch 目录下打开 castle_tts.launch（文件），可看到如下代码：

```
<?xml version = "1.0"?>
<launch>

<node pkg ="castle_voice_system"      type="castle_xf_tts_node"
name="castle_xf_tts_node"output="screen">
  <param name="appid"value="appid = ********, work_dir = ."/>
  <param name="speech_param"value="voice_name = nannan, text_encoding=utf8,
sample_rate = 16000, speed = 50, volume = 50, pitch = 50, rdn = 2"/>
</node>

</launch>
```

将代码中的"********"修改成自己创建的应用的 APPID。

5）输入如下指令编译工作空间：

```
$ cd ~ /catkin_ws
$ catkin_make
```

二、体验语音合成功能效果

待编译成功后，打开新的终端窗口，运行 Castle-X 机器人的在线语音识别功能包，输入以下指令：

```
$ roslaunch castle_voice_system castle_tts.launch
```

运行节点成功后，机器人扬声器会播放一段语音"您好，我是广州慧谷 Castle-X 机器人，你可以叫我小谷"，终端窗口显示如图 4-25 所示。

```
process[castle_xf_tts_node-2]: started with pid [17131]

###################################################################
## 语音合成（Text To Speech, TTS）技术能够自动将任意文字实时转换为连续的 ##
## 自然语音，是一种能够在任何时间、任何地点，向任何人提供语音信息服务的 ##
## 高效便捷手段，非常符合信息时代海量数据、动态更新和个性化查询的需求。  ##
###################################################################

开始合成 ...
正在合成 ...
>>>>>>>>>>
合成完毕
按任意键退出 ...

./voice.wav:

 File Size: 240k      Bit Rate: 256k
  Encoding: Signed PCM
  Channels: 1 @ 16-bit
Samplerate: 16000Hz
Replaygain: off
  Duration: 00:00:07.50

In:61.4% 00:00:04.61 [00:00:02.89] Out:73.7k [  -===|===-  ] Hd:4.6 Clip:0
```

图 4-25　语音合成测试

至此，说明语音合成功能被成功调用。现在开始进行语音合成效果测试，打开新的终端窗口，输入如下指令：

```
$ rostopic pub -1 /voice/castle_xf_tts_topic std_msgs/String "今天我很开心哈哈哈"
```

输入上条指令后，可以看到图 4-25 所示机器人的扬声器会播放中文音频"今天我很开心哈哈哈"，如图 4-26 所示。

```
./voice.wav:

 File Size: 89.0k      Bit Rate: 256k
  Encoding: Signed PCM
  Channels: 1 @ 16-bit
Samplerate: 16000Hz
Replaygain: off
  Duration: 00:00:02.78

In:100%  00:00:02.78 [00:00:00.00] Out:44.5k [       |       ] Hd:3.2 Clip:0
Done.
```

图 4-26　语音合成测试

三、结合语义理解、语音识别测试

同时运行语音理解、语音识别节点程序进行测试，输入如下指令：

```
$ roslaunch castle_voice_system castle_nlu.launch
$ roslaunch castle_voice_system castle_asr.launch
```

打开新的终端窗口，唤醒语音识别程序进行录音，输入如下指令：

```
$ rostopic pub -1 /voice/castle_xf_asr_topic std_msgs/Int32 1
```

输入指令后对机器人的麦克风说话，例如说"说个绕口令"。正常情况是短暂延迟后，机器人的麦克风会播放出一段绕口令，如图 4-27 所示。

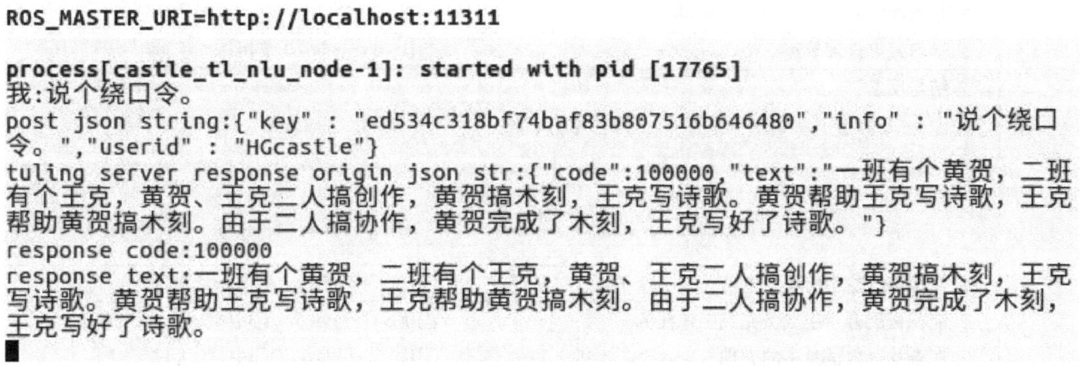

```
ROS_MASTER_URI=http://localhost:11311

process[castle_tl_nlu_node-1]: started with pid [17765]
我:说个绕口令。
post json string:{"key" : "ed534c318bf74baf83b807516b646480","info" : "说个绕口
令。","userid" : "HGcastle"}
tuling server response origin json str:{"code":100000,"text":"一班有个黄贺，二班
有个王克，黄贺、王克二人搞创作，黄贺搞木刻，王克写诗歌。黄贺帮助王克写诗歌，王克
帮助黄贺搞木刻。由于二人搞协作，黄贺完成了木刻，王克写好了诗歌。"}
response code:100000
response text:一班有个黄贺，二班有个王克，黄贺、王克二人搞创作，黄贺搞木刻，王克
写诗歌。黄贺帮助王克写诗歌，王克帮助黄贺搞木刻。由于二人搞协作，黄贺完成了木刻，
王克写好了诗歌。
```

图 4-27　语音合成测试

📖 结果汇报

1. 各小组完成任务的各个步骤，并接受检查。

2. 各小组完成任务后进行总结，然后关闭机器人的上位机及电源，清洁自己的工位并归还机器人配套的键盘、鼠标、控制器等设备。

✔ 思 考 题

1. 应用 rosnode、rostopic 的相关指令，查看语音识别、语义理解、语音合成节点程序同时运行时的节点信息和话题信息。

2. 应用 rqt_graph 指令查看语音识别、语义理解、语音合成节点程序同时运行时的计算图。

3. 查看"castle_xf_tts_node 介绍"中各会话参数的功能和意义，尝试修改 launch 文件中的 speech_param，以改变发声人的声音。

✍ 任务评价

通过以上学习，根据任务实施过程，将完成任务情况记录在下表中，并完成任务评价。

班级		姓名		学号		日期		年　月　日

学习任务名称：

	1. 是否能理解语音合成的概念	□是　　□否
	2. 是否能创建并下载语音合成 SDK	□是　　□否
	3. 是否能修改 appid 参数	□是　　□否
	4. 是否能完成语音合成测试	□是　　□否
	5. 是否能完成语音识别 + 语义理解 + 语音合成的测试	□是　　□否
自我评价	在完成任务时遇到了哪些问题？是如何解决的？	
	1. 是否能够独立完成工作页的填写	□是　　□否
	2. 是否能按时上、下课，着装规范	□是　　□否
	3. 学习效果自评等级	□优　　□良　　□中　　□差
	总结与反思：	
小组评价	1. 在小组讨论中能积极发言	□优　　□良　　□中　　□差
	2. 能积极配合小组成员完成工作任务	□优　　□良　　□中　　□差
	3. 在查找资料信息中的表现	□优　　□良　　□中　　□差
	4. 能够清晰表达自己的观点	□优　　□良　　□中　　□差
	5. 安全意识与规范意识	□优　　□良　　□中　　□差
	6. 遵守课堂纪律	□优　　□良　　□中　　□差
	7. 积极参与汇报展示	□优　　□良　　□中　　□差
教师评价	综合评价等级： 评语： 教师签名：　　　　　　　　　　年　月　日	

任务 4　语音唤醒功能的控制实现

✎ 任务概述

本任务学习智能语音系统的语音唤醒（Voice Wakeuper），包括语音唤醒的概念及科大讯飞语音唤醒服务的特点。本任务将在 ROS 平台下实现科大讯飞语音唤醒服务的应用。

任务要求

1. 了解科大讯飞的语音唤醒功能。
2. 掌握 Castle-X 机器人语音唤醒功能包的使用方法。

任务准备

1. 检查机器人网络连接是否正常。
2. 检查麦克风连接是否正常。
3. 预习知识链接中的内容，了解语音唤醒的概念。

知识链接

一、语音唤醒的概念

语音唤醒（Voice Wakeuper）通过辨别输入音频中特定的词语（如"小谷小谷"），返回被命中（唤醒）结果，应用通过回调的结果，进行下一步的处理，如点亮屏幕，或与用户进行语音交互等。唤醒资源中含有一个或多个资源，只要命中其中一个，即可唤醒。

语音唤醒是语音交互的第一步。小米的 AI（人工智能）音箱选择了 10 多个唤醒词，最后才选用了"小爱同学"，这充分说明了唤醒词设计的重要性。

在未被唤醒以前系统处于待机状态，低功耗模式，麦克风阵列的拾音处理都是在本地处理，不需要联网。这样处理效率高、节省网络带宽、防止个人隐私泄露。

训练唤醒词需要大量的人力、物力、时间。一般制作一个通用型的唤醒词需要上千个人才可以完成制作，人越多训练的唤醒词效果越好。因为通用的唤醒词制作需要覆盖不同的年龄段、不同的性别和不同的地方口音，如图 4-28 所示。

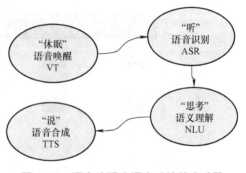

图 4-28 语音唤醒为语音系统的启动器

二、科大讯飞的语音唤醒服务

目前在网上也有开源的语音识别库，比较有名的是 pocketSphinx（语音识别系统）；但是 pocketSphinx 是一个轻量级的识别库，它是年代非常久远的语音处理方案，其识别效果极差。最近出现的就是被百度收购的 snowboy（语音唤醒），它主要关注在快速生成自定义唤醒词领域。snowboy 相比 pocketSphinx 的识别率要高，但是 snowboy 语音唤醒最大的缺点是需要用户自己训练样本，这样既不高效也不实际。因为一般用户能够提供的样本非常有限，因此极大地限制了语音唤醒的使用效果。

相比其前面两者，科大讯飞提供的语音唤醒服务很好地克服了前面所描述的技术缺点。科大讯飞语音唤醒服务可在线定制用户自己的唤醒词，只要唤醒词符合要求，基本上都能得到效果较佳的语音唤醒体验。

本实验将应用科大讯飞提供的语音唤醒服务，它将持续监听周围环境人声，当检测到相应的唤醒词时，将激活机器人的语音识别功能，可以实现与用户语音交流的功能。

三、castle_xf_awake_node 介绍

castle_xf_awake_node（节点）是 Castle-X 机器人使用语音唤醒功能时启动的功能节点。该功能节点能够将由驱动计算机的麦克风进行录音，一直将录得的音频进行语音检测。当检测到语音段中存在唤醒词时，便唤醒机器人进行后续操作，如开始进行语音识别等。

其底层代码位于 ~ /catkin_ws/src/xf_awake/src/hg_xf_awake_node.cpp 文件中。该节点订阅与发布的相关信息见表 4-7。

表 4-7　castle_xf_awake_node 节点订阅与发布的相关信息

	话题名称 [消息类型]	说　明
发布	/voice/castle_xf_asr_topic [std_msgs/Int32]	当语音唤醒节点程序检测到唤醒词时，向该话题发布一个激活 std msgs：：Int32 类型的数据 "1" 给语音识别节点，通知其打开录音，准备进行语音识别
订阅	—	—

castle_xf_asr_node 底层代码重要参数：

appid：appid 是科大讯飞开放平台的账户信息，其中 appid 为创建语音服务应用后分配的唯一的 ID。

Castle-X 的语音唤醒功能包含图 4-29 所示目录。

图 4-29　语音唤醒功能包

其中有个文件需要给予特别关注，就是指定的唤醒词训练库，它在 ~ /catkin _ws/src/xf_awake/res/ivw/wakeupresource.jet（路径）。当用户在科大讯飞 AI（人工智能）开放平台上制定好自己的唤醒关键词后，下载自己制订的语音唤醒 SDK（软件开发工具包），然后在 SDK 中找到 wakeupresource.jet 文件后替换掉本功能包下的 wakeupresource.jet 文件即可。更换文件成功后，语音唤醒的关键词也将改变。

 任务内容

一、launch 文件修改 appid

编辑功能包中的 castle_awake.launch 文件：

```
$ roscd castlex_awake/launch
$ gedit castle_awake.launch
```

castle_awake.launch 内容如下，找到 appid 参数并修改为自己定制的 SDK 的 appid：

```
<?xml version = "1.0"?>
<launch>

<!-- 运行科大讯飞语音唤醒功能包 -->
<node pkg = "xf_awake"type = "castle_castlex_awake_node"name ="castle_cas-
tlex_awake_node"output="screen">
<!-- 修改 appid, 创建每个服务都有唯一的 appid-->
<param name="appid"value="appid = *******, work_dir = ."/>
</node>
</launch>
```

将代码中的"********"修改成自己创建的应用的 appid。

二、体验语音识别功能效果

1）打开新终端窗口，输入如下指令编译工作空间：

```
$ cd ~ /catkin_ws
$ catkin_make
```

2）待编译成功后，即可开始进行语音唤醒效果测试。在测试之前必须检测机器人的麦克风输入是否正常。检查方法如图 4-30 所示。

图 4-30　打开系统设置

单击进入声音选项，选择"输入"栏，如图 4-31 所示。

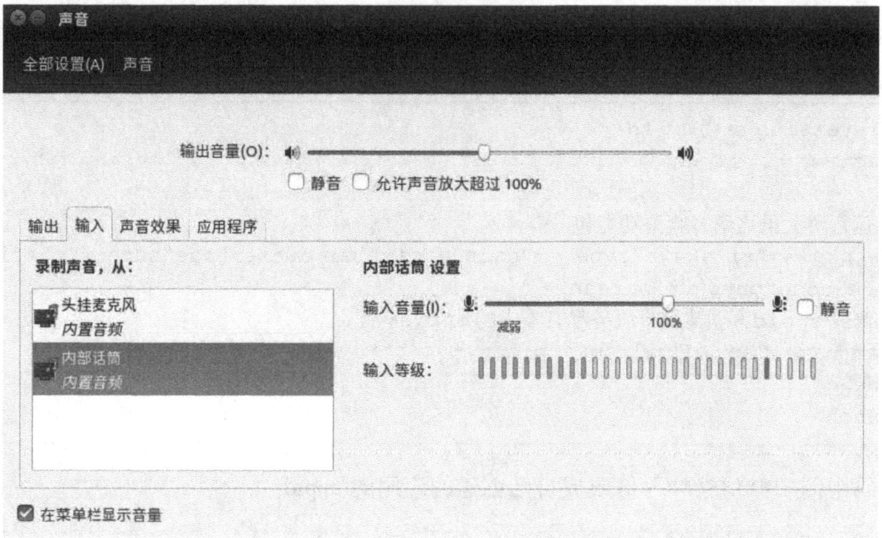

图 4-31　麦克风拾音设置

尝试对麦克风说话，在"输入等级"中，若观测到声音强度发生变化，说明麦克风工作正常。若检测不到声音，尝试把麦克风拔掉重新插入。

麦克风检查正常后即可启动节点，打开新的终端窗口，输入如下指令：

```
$ roslaunch xf_awake castle_awake.launch
```

运行节点成功后，终端窗口如图 4-32 所示。

图 4-32　语音唤醒运行成功

可见，程序一直在等待激活，这个时候可对麦克风说唤醒关键词，Castle-X 语音唤醒功能包的默认唤醒词是"小谷同学"和"小谷小谷"。例如说"小谷小谷"，终端窗口会显示激活成功，同时机器人将发出"在的主人！"一声唤醒成功的提示音，如图 4-33 所示。

```
/home/kyle/voice_ws/src/xf_awake/launch/castle_awake.launch http://localhost:11311
========

PARAMETERS
 * /castle_xf_awake_node/lgi_param: appid = 5d19627e,...
 * /rosdistro: kinetic
 * /rosversion: 1.12.14

NODES
 /
    castle_xf_awake_node (xf_awake/castle_xf_awake_node)

auto-starting new master
process[master]: started with pid [10306]
ROS_MASTER_URI=http://localhost:11311

setting /run_id to ca68e08a-a512-11e9-bdac-94e97948bcc3
process[rosout-1]: started with pid [10319]
started core service [/rosout]
process[castle_xf_awake_node-2]: started with pid [10322]

/home/kyle/voice_ws/src/xf_awake/res/music/zaidezhuren.wav:

 File Size: 23.7k    Bit Rate: 256k
  Encoding: Signed PCM
  Channels: 1 @ 16-bit
Samplerate: 16000Hz
Replaygain: off
  Duration: 00:00:00.74

In:100%  00:00:00.74 [00:00:00.00] Out:11.8k [        |        ]        Clip:0
Done.
```

图 4-33 唤醒成功显示

如果对麦克风说另一个唤醒关键词"小谷同学"，唤醒成功时也会有"在的主人"一声提示音，而且终端窗口画面显示如图 4-34 所示。

```
/home/kyle/voice_ws/src/xf_awake/launch/castle_awake.launch http://localhost:11311
process[master]: started with pid [10306]
ROS_MASTER_URI=http://localhost:11311

setting /run_id to ca68e08a-a512-11e9-bdac-94e97948bcc3
process[rosout-1]: started with pid [10319]
started core service [/rosout]
process[castle_xf_awake_node-2]: started with pid [10322]

/home/kyle/voice_ws/src/xf_awake/res/music/zaidezhuren.wav:

 File Size: 23.7k    Bit Rate: 256k
  Encoding: Signed PCM
  Channels: 1 @ 16-bit
Samplerate: 16000Hz
Replaygain: off
  Duration: 00:00:00.74

In:100%  00:00:00.74 [00:00:00.00] Out:11.8k [        |        ]        Clip:0
Done.

/home/kyle/voice_ws/src/xf_awake/res/music/zaidezhuren.wav:

 File Size: 23.7k    Bit Rate: 256k
  Encoding: Signed PCM
  Channels: 1 @ 16-bit
Samplerate: 16000Hz
Replaygain: off
  Duration: 00:00:00.74

In:100%  00:00:00.74 [00:00:00.00] Out:11.8k [        |        ]        Clip:0
Done.
```

图 4-34 唤醒成功显示

对麦克风说其他句子，例如"小慧同学""你好小谷""小谷你好"等非唤醒词，则语音唤醒程序无反应。

这个时候我们可以留意当语音唤醒节点唤醒成功后，它将会向 /voice/castle_xf_asr_topic 话题中发送怎样的数据。我们使用指令，如图 4-35 所示。

```
$ rostopic echo /voice/castle_xf_asr_topic
```

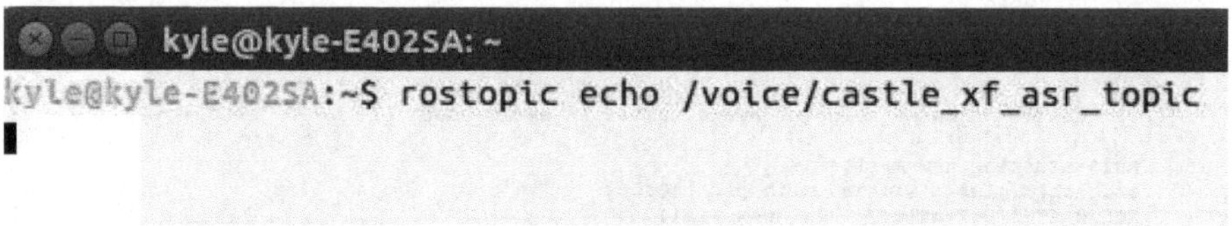

图 4-35　接受语音唤醒话题

监视该话题中的消息动态，一旦语音唤醒成功后，语音唤醒节点程序将向该话题发布 std_msgs：：Int32 类型的数据"1"，激活后续的语音识别程序，接下来，用户即可与机器人进行语音交互对话。当唤醒成功时，终端显示画面如图 4-36 所示。

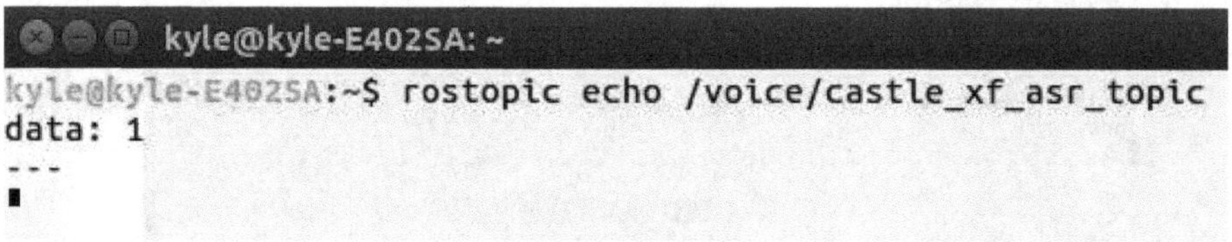

图 4-36　接受语音唤醒话题成功

📖 结果汇报

1. 各小组完成任务的各个步骤，并接受检查。

2. 各小组完成任务后进行总结，然后关闭机器人的上位机及电源，清洁自己的工位并归还机器人配套的键盘、鼠标、控制器等设备。

✔ 思 考 题

1. 应用 rosnode、rostopic 的相关指令，查看语音识别节点程序运行时的节点信息和话题信息。

2. 应用 rqt_graph 指令查看语音识别节点程序运行时的计算图。

3. 根据测试效果和工作原理比较语音唤醒和语音识别功能的区别。

✍ 任务评价

通过以上学习，根据任务实施过程，将完成任务情况记录在下表中，并完成任务评价。

班级		姓名		学号		日期	年　月　日	

	学习任务名称：				
自我评价	1. 是否能理解语音唤醒的概念	□是	□否		
	2. 是否能创建并下载语音唤醒的 SDK	□是	□否		
	3. 是否能修改 appid 参数	□是	□否		
	4. 是否能完成语音唤醒测试	□是	□否		
	5. 是否能获取语音唤醒话题数据	□是	□否		
	在完成任务时遇到了哪些问题？是如何解决的？				
	1. 是否能够独立完成工作页的填写	□是	□否		
	2. 是否能按时上、下课，着装规范	□是	□否		
	3. 学习效果自评等级	□优	□良	□中	□差
	总结与反思：				
小组评价	1. 在小组讨论中能积极发言	□优	□良	□中	□差
	2. 能积极配合小组成员完成工作任务	□优	□良	□中	□差
	3. 在查找资料信息中的表现	□优	□良	□中	□差
	4. 能够清晰表达自己的观点	□优	□良	□中	□差
	5. 安全意识与规范意识	□优	□良	□中	□差
	6. 遵守课堂纪律	□优	□良	□中	□差
	7. 积极参与汇报展示	□优	□良	□中	□差
教师评价	综合评价等级： 评语： 教师签名：　　　　　　　年　月　日				

任务 5　语音查询天气应用的实现与调试

✎ 任务概述

本任务结合前面学习的智能语音系统的各个功能——语音识别、语义理解、语音合成和语音唤醒，实现一个完整的语音交互实验；以语音查询天气应用的实现为载体，学习智能语音系统的应用实现。

任务要求

1. 熟悉了解 Castle-X 语音交互系统框架组成。
2. 熟悉 Castle-X 语音交互系统相关功能包的使用方法。

任务准备

1. 检查机器人网络连接是否正常。
2. 检查麦克风连接是否正常。
3. 预习知识链接中的内容，理解 Castle-X 语音交互系统框架，掌握编写语音交互系统启动文件的方法。

知识链接

一、Castle-X 语音交互系统框架

Castle-X 语音交互系统框架如图 4-37 所示。

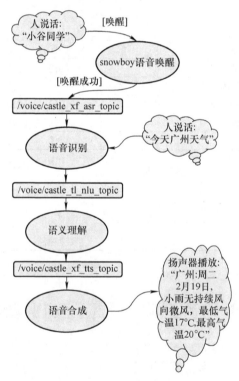

图 4-37 Castle-X 语音交互系统框架

二、launch 文件代码解析

在 ~ /catkin_ws/src/castle_voice_system/launch 目录下 castle_voice_system.launch 文件的代

码如下：

```
<?xml version = "1.0"?>
<launch>

<!-- 打开语音唤醒 -->
<include file="$(find castlex_awake)/launch/castle_awake.launch"/>

<!-- 打开语音合成 -->
<node pkg = "castle_voice_system"type = "castle_xf_tts_node"name = "castle_
xf_tts_node"output="screen">
<param name="appid"value="appid = ********, work_dir = ."/>
<param name="speech_param"value="voice_name = xiaoqi, text_encoding = utf8,
sample_rate = 16000, speed = 70, volume = 50, pitch = 50, rdn = 0"/>
</node>

<!-- 打开语义理解 -->
<node pkg = "castle_voice_system"type = "castle_tl_nlu_node"name ="castle_
tl_nlu_node"output="screen">
<param name="tuling_key"value="****************************"/>
<param name="userid"value="HGcastle"/>
</node>

<!-- 打开语音识别 -->
<node pkg = "castle_voice_system"type = "castle_xf_asr_node"name ="castle_
xf_asr_node"output="screen">
<param name="appid"value="appid = ********, work_dir = ."/>
<param name="speech_param"value="sub = iat, domain = iat, language = zh_cn,
accent = mandarin, sample_rate = 16000, result_type = plain, result_encoding =
utf8"/>
</node>

</launch>
```

launch（格式）文件首先打开语音唤醒节点，通过 <include> 标签指令打开科大讯飞语音唤醒功能包中的 launch 启动文件。

后面紧接着依次是启动语音识别、语义理解、语音合成功能节点的指令。该 launch 文件启动后的计算图如图 4-38 所示。

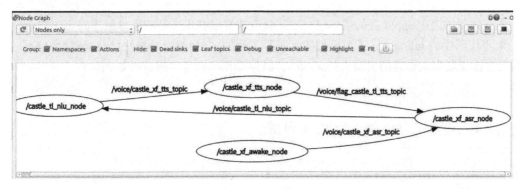

图 4-38　计算图

 **任务内容**

一、launch 文件修改应用标识码

在 ~ /catkin_ws/src/castle_voice_system/launch 目录下打开 castle_voice_system.launch（文件），可看到如下代码：

```
<?xml version = "1.0"?>
<launch>

<!-- 打开语音唤醒 -->
<include file="$(find castlex_awake)/launch/castle_awake.launch"/>

<!-- 打开语音合成 -->
<node pkg = "castle_voice_system"type = "castle_xf_tts_node"name ="castle_
xf_tts_node"output="screen">
<param name="appid"value="appid = ********, work_dir = ."/>
<param name="speech_param"value="voice_name = xiaoqi, text_ encoding = utf8,
sample_rate=16000, speed=70, volume=50, pitch=50, rdn=0"/>
</node>

<!-- 打开语义理解 -->
<node pkg = "castle_voice_system"type = "castle_tl_nlu_node"name ="castle_
tl_nlu_node"output="screen">
<param name="tuling_key"value="****************************"/>
<param name="userid"value="HGcastle"/>
</node>

<!-- 打开语音识别 -->
<node pkg = "castle_voice_system"type = "castle_xf_asr_node"name ="castle_
xf_asr_node"output="screen">
<param name="appid"value="appid = ********, work_dir = ."/>
<param name="speech_param"value="sub = iat, domain = iat, language = zh_cn, ac-
cent = mandarin, sample_rate = 16000, result_type = plain, result_encoding = utf8"/>
</node>

</launch>
```

● 将代码中两个 appid 后的"********"修改成自己在讯飞开放平台创建的应用的 appid。
● 将代码中的 tuling_key（图灵机器人账号）后的"****************************"修改成自己在图灵机器人创建的机器人的 apikey，具体操作可参考本项目任务 2。

二、启动语音交互系统

打开新终端窗口，输入指令，如图 4-39 所示。

```
$ roslaunch castle_voice_system castle_voice_system.launch
```

```
 /home/kyle/catkin_ws/src/castle_voice_system/launch/castle_voice_system.launch http
kyle@kyle-E402SA:~$ roslaunch castle_voice_system castle_voice_system.launch
... logging to /home/kyle/.ros/log/909e43bc-3420-11e9-895a-94e97948bcc3/roslaunc
h-kyle-E402SA-14478.log
Checking log directory for disk usage. This may take awhile.
Press Ctrl-C to interrupt
Done checking log file disk usage. Usage is <1GB.

started roslaunch server http://kyle-E402SA:44933/

SUMMARY
========

PARAMETERS
 * /audio_capture/channels: 1
 * /audio_capture/depth: 16
 * /audio_capture/format: wave
 * /audio_capture/sample_rate: 16000
 * /castle_tl_nlu_node/tuling_key: 0dd3488916f64d4eb...
 * /castle_tl_nlu_node/userid: HGcastle
 * /castle_xf_asr_node/appid: appid = 5b6d44ed,...
 * /castle_xf_asr_node/speech_param: sub = iat, domain...
 * /castle_xf_tts_node/appid: appid = 5b6d44ed,...
 * /castle_xf_tts_node/speech_param: voice_name = nann...
 * /rosdistro: kinetic
```

图 4-39　启动语音交互系统

测试语音交互系统工作情况：

对麦克风说"小谷小谷"，若唤醒成功，会听见"在的主人"的声音，如图 4-40 所示。

```
 /home/kyle/catkin_ws/src/castle_voice_system/launch/castle_voice_system.launch http
Samplerate: 16000Hz
Replaygain: off
 Duration: 00:00:00.49

In:100%  00:00:00.49 [00:00:00.00] Out:7.87k [        |        ] Hd:0.9 Clip:0
Done.

/home/kyle/catkin_ws/src/snowboy_ros/resources/dong.wav:

 File Size: 13.0k    Bit Rate: 257k
  Encoding: Signed PCM
  Channels: 1 @ 16-bit
Samplerate: 16000Hz
Replaygain: off
 Duration: 00:00:00.40

In:100%  00:00:00.40 [00:00:00.00] Out:6.48k [        |        ] Hd:3.2 Clip:0
Done.
[ INFO] [1550645395.949751678]: you are speaking...
Start Listening...

Speaking done
Not started or already stopped.
```

图 4-40　语音唤醒

唤醒成功后，对麦克风说"你好"，如图 4-41 所示。

```
 /home/kyle/catkin_ws/src/castle_voice_system/launch/castle_voice_system.launch http
In:100%  00:00:00.40 [00:00:00.00] Out:6.48k [        |        ] Hd:3.2 Clip:0
Done.
[ INFO] [1550645455.806313146]: you are speaking...
Start Listening...
Result: [ 你好。 ]

Speaking done
Not started or already stopped.
我:你好。
post json string:{"key" : "0dd3488916f64d4eb3356308c7c20823","info" : "你好。","
userid" : "HGcastle"}
tuling server response origin json str:{"code":100000,"text":"好吧，你也好。"}
response code:100000
response text:好吧，你也好。

./voice.wav:

 File Size: 76.8k    Bit Rate: 256k
  Encoding: Signed PCM
  Channels: 1 @ 16-bit
Samplerate: 16000Hz
Replaygain: off
 Duration: 00:00:02.40
```

图 4-41　语音交互

　　等待短暂延迟后，终端窗口会显示语音识别结果："你好。"，然后机器人会做出语音回答，例如"好吧，你也好。"或者"嗯，又见面了。"等有趣的回答结果。

三、语音查询城市天气

　　对麦克风说"小谷小谷"，若唤醒成功，会听见"在的主人"的声音，如图 4-42 所示。

图 4-42　语音唤醒

　　唤醒成功后，对麦克风说"今天广州天气怎样？"或"今天广州天气"等与天气有关的话，如图 4-43 所示。

图 4-43　询问天气

　　等待短暂延迟后，机器人扬声器会播放"广州：周三 2 月 20 日，小雨，南风 3 ~ 4 级，最低气温 18℃，最高气温 24℃"的语音信息。再次对麦克风说"小谷小谷"，若唤醒成功，会听见"在的主人"的声音，如图 4-44 所示。

　　唤醒成功后，对麦克风说"明天呢？"，机器人会通过语音播报广州明天的天气情况，这体现了语音系统支持上下文联系的功能，如图 4-45 所示。

```
./voice.wav:

 File Size: 364k      Bit Rate: 256k
  Encoding: Signed PCM
  Channels: 1 @ 16-bit
Samplerate: 16000Hz
Replaygain: off
  Duration: 00:00:11.36

In:100%  00:00:11.36 [00:00:00.00] Out:182k  [      |      ] Hd:3.2 Clip:0
Done.

/home/kyle/catkin_ws/src/snowboy_ros/resources/ding.wav:

 File Size: 15.8k     Bit Rate: 257k
  Encoding: Signed PCM
  Channels: 1 @ 16-bit
Samplerate: 16000Hz
Replaygain: off
  Duration: 00:00:00.49

In:100%  00:00:00.49 [00:00:00.00] Out:7.87k [      |      ] Hd:0.9 Clip:0
Done.
```

图 4-44　语音唤醒

```
Done.
[ INFO] [1550645966.871276286]: you are speaking...
Start Listening...
Result: [ 明天呢？ ]

Speaking done
Not started or already stopped.
我:明天呢。
post json string:{"key" : "0dd3488916f64d4eb3356308c7c20823","info" : "明天呢？"
,"userid" : "HGcastle"}
tuling server response origin json str:{"code":100000,"text":"广州:周四,中雨转小
雨 无持续风向微风,最低气温16℃，最高气温24℃ "}
response code:100000
response text:广州:周四,中雨转小雨 无持续风向微风,最低气温16℃，最高气温24℃

./voice.wav:

 File Size: 340k      Bit Rate: 256k
  Encoding: Signed PCM
  Channels: 1 @ 16-bit
Samplerate: 16000Hz
Replaygain: off
  Duration: 00:00:10.62
```

图 4-45　上下文联系测试

四、拓展：与机器人进行语音聊天

对麦克风说"小谷小谷"，若唤醒成功，会听见"在的主人"的声音，如图 4-46 所示。

```
/home/kyle/catkin_ws/src/snowboy_ros/resources/ding.wav:

 File Size: 15.8k     Bit Rate: 257k
  Encoding: Signed PCM
  Channels: 1 @ 16-bit
Samplerate: 16000Hz
Replaygain: off
  Duration: 00:00:00.49

In:100%  00:00:00.49 [00:00:00.00] Out:7.87k [      |      ] Hd:0.9 Clip:0
Done.

/home/kyle/catkin_ws/src/snowboy_ros/resources/dong.wav:

 File Size: 13.0k     Bit Rate: 257k
  Encoding: Signed PCM
  Channels: 1 @ 16-bit
Samplerate: 16000Hz
Replaygain: off
  Duration: 00:00:00.40

In:100%  00:00:00.40 [00:00:00.00] Out:6.48k [      |      ] Hd:3.2 Clip:0
Done.
```

图 4-46　语音唤醒

唤醒成功后，对麦克风说"说个绕口令"，如图 4-47 所示。

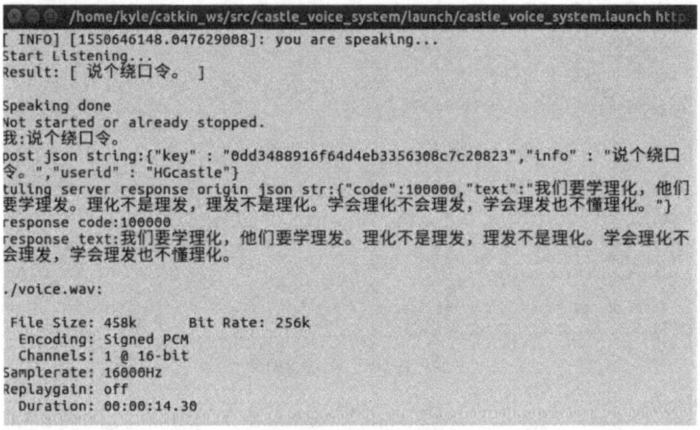

图 4-47　说个绕口令

等待短暂延迟后，机器人扬声器会随机播放一段绕口令的语音信息。

结果汇报

1.各小组完成任务的各个步骤，并接受检查。

2.各小组完成任务后进行总结，然后关闭机器人的上位机及电源，清洁自己的工位并归还机器人配套的键盘、鼠标、控制器等设备。

思 考 题

1.思考：语音交互系统除了用于陪伴、聊天，还可应用于什么实际场景中？

2.这套语音交互系统的优点和缺点是什么？

任务评价

通过以上学习，根据任务实施过程，将完成任务情况记录在下表中，并完成任务评价。

班级		姓名			学号		日期	年　月　日

学习任务名称：

自我评价	1. 是否能理解语音交互系统的框架	☐是　　☐否
	2. 是否能正确修改 turlin_key 和 appid	☐是　　☐否
	3. 是否能实现基本语音交互	☐是　　☐否
	4. 是否能完成语音询问天气测试	☐是　　☐否
	在完成任务时遇到了哪些问题？是如何解决的？	
	1. 是否能够独立完成工作页的填写	☐是　　☐否
	2. 是否能按时上、下课，着装规范	☐是　　☐否
	3. 学习效果自评等级	☐优　☐良　☐中　☐差
	总结与反思：	
小组评价	1. 在小组讨论中能积极发言	☐优　☐良　☐中　☐差
	2. 能积极配合小组成员完成工作任务	☐优　☐良　☐中　☐差
	3. 在查找资料信息中的表现	☐优　☐良　☐中　☐差
	4. 能够清晰表达自己的观点	☐优　☐良　☐中　☐差
	5. 安全意识与规范意识	☐优　☐良　☐中　☐差
	6. 遵守课堂纪律	☐优　☐良　☐中　☐差
	7. 积极参与汇报展示	☐优　☐良　☐中　☐差
教师评价	综合评价等级： 评语： 教师签名：　　　　　　年　月　日	

项目 5
服务机器人底盘控制与调试

5

机器人的底盘相当于机器人的双腿，要实现机器人空间位置的运动，底盘的精准控制是必需的。本项目的主要任务是学习三轮底盘的控制。三轮底盘相对于两轮和四轮底盘运动比较灵活，可以实现任意方向的运动，是现在机器人比较热门的底盘构造。

任务 1　控制三轮全向底盘运动

✎ 任务概述

本任务是学习 Castle-X 机器人三轮全向运动底盘的运动学解算，包括三轮全向运动底盘的运动方式，并通过运动学公式推导出三轮底盘运动学的正向解，作为控制机器人的算法基础；还学习上位机和下位机之间相互通信的 ROS 节点，通过该节点，读者可以通过上位机使用键盘来控制机器人的运动。

☞ 任务要求

1. 理解三轮全向底盘机器人的运动学正向解和运动学逆向解演算过程。
2. 启动 Castle-X 自带的三轮全向底盘驱动功能包。
3. 应用 Castle-X 自带的键盘控制功能包远程遥控 Castle-X 移动。

✐ 任务准备

1. 预习知识链接中的内容，掌握三轮全向底盘的运动方式。
2. 理解三轮底盘的正运动学算法。
3. 了解机器人上下位机的通信信息。

知识链接

一、三轮机器人底盘介绍

三轮机器人底盘轮子定义如图 5-1 所示。

在此定义轮子的转向为：从轮子正面观察顺时针旋转为正方向，逆时针旋转为负方向。

1）三轮机器人底盘前后运动。若让机器人直线向前或向后运动，正对着的 1 轮静止不动，2、3 轮在水平方向上的分速度相互抵消，合成一个垂直方向的向前或向后速度。三轮机器人底盘向前运动图解如图 5-2 所示。向前运动三轮状态见表 5-1。

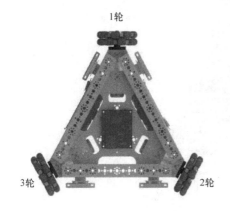

图 5-1　三轮机器人底盘轮子定义

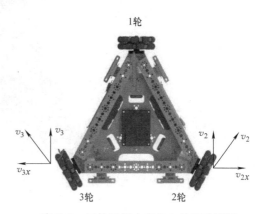

图 5-2　三轮机器人底盘向前运动图解

表 5-1　向前运动三轮状态

轮子序号	状　态	速度比
1	静止	
2	顺时针	0：1：-1
3	逆时针	

2）三轮机器人底盘左右运动。若让机器人向左或向右平移，正对着的 1 轮逆时针或顺时针转动，2、3 轮在垂直方向上的分速度相互抵消，且在水平方向的合成速度和大小与 1 轮均相等即可，三轮机器人底盘向左运动图解如图 5-3 所示。向左运动三轮状态见表 5-2。

3）三轮机器人底盘原地旋转。若让机器人原地旋转，那么机器人的合转矩方向为旋转的方向，则需要三个轮的旋转方向相同。三轮机器人底盘逆时针旋转图解如图 5-4 所示。逆时针运动三轮状态见表 5-3。

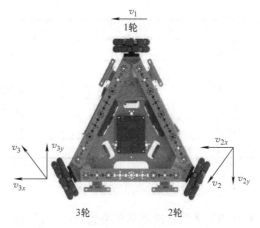

图 5-3　三轮机器人底盘向左运动图解

表 5-2 向左运动三轮状态

轮子序号	状 态	速度比
1	逆时针	
2	顺时针	2：-1：-1
3	顺时针	

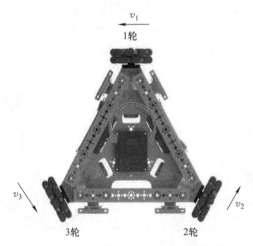

图 5-4 三轮机器人底盘逆时针旋转图解

表 5-3 逆时针运动三轮状态

轮子序号	状 态	速度比
1	顺时针	
2	顺时针	1：1：1
3	顺时针	

4）各种运动状态速度分配汇总见表 5-4。

表 5-4 各种运动状态速度分配汇总

状态	1轮	2轮	3轮	速度比
前进	静止	顺时针	逆时针	0：1：-1
后退	静止	逆时针	顺时针	
左平移	逆时针	顺时针	顺时针	2：-1：-1
右平移	顺时针	逆时针	逆时针	
逆时针旋转	顺时针	顺时针	顺时针	1：1：1
顺时针旋转	逆时针	逆时针	逆时针	

二、机器人的运动学分析

移动机器人的运动学分析分为运动学正向解和运动学逆向解。

运动学正向解是一个"观测"问题，利用编码器可以很容易地测量出底盘各个轮子的转速

（v_1，v_2，$\cdots$，v_n），然后可以通过运动学正向解推算出机器人底盘运动时整体的线速度 v_x，v_y 和角速度 v_{th}，如图 5-5 所示。

图 5-5　运动学正向解

运动学逆向解是一个"控制"问题。对于底盘整体移动的控制，我们在控制底盘移动时，往往希望控制变量是底盘运动时整体的线速度 v_x，v_y 和角速度 v_{th}，但是实际上控制器能够直接控制的是底盘上每个车轮电动机的转速（v_1，v_2，$\cdots$，v_n）。运动学逆向解的作用就是将底盘运动整体速度转化为每个车轮电动机的转速，如图 5-6 所示。

图 5-6　运动学逆向解

1. 一些前提假设

在开始进行数学推算前，需要作一些必要且合理的前提假设：

① 移动底盘质量分布均匀，每个轮子的大小和指令相同。

② 三个全向轮到中心的距离相等，且两两夹角为 120°。

③ 移动底盘不会出现打滑现象。

2. 一些物理量介绍

在开始进行数学推算前，需要理解一些运算过程中出现的物理量，如图 5-7 所示。

① 建立世界坐标系 $X'O'Y'$，机器人坐标系 XOY。

② 移动平台自身的角速度为 ω。

③ 中心到轮子的距离为常数 l。

④ 顺时针为角速度正方向。

⑤ 各轮子速度为 v_a，v_b，v_c。

⑥ 移动平台在自身坐标系下的分速度为 v_x，v_y。

⑦ 夹角 $\theta_1 = \pi/3$，$\theta_2 = \pi/6$。

⑧ α 是两个坐标系的夹角。

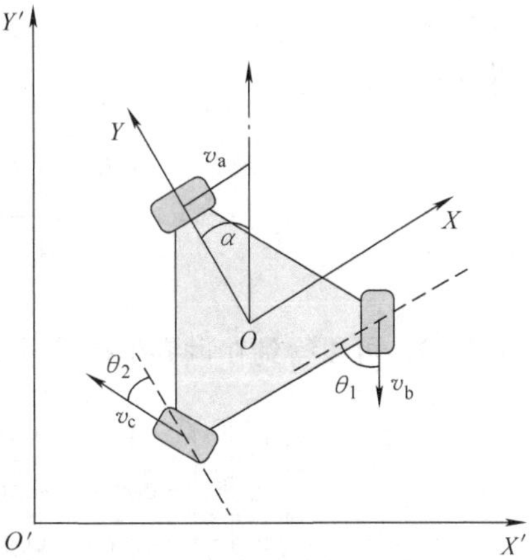

图 5-7　三轮全向移动底盘坐标系

三、三轮全向底盘运动学解算

1. 三轮全向底盘运动学逆向解

结合图 5-7，根据简单的物理运动学推算，可以得到从机器人坐标系（XOY）到各轮子速度的转换：

$$
\begin{aligned}
v_a &= v_x + \omega L \\
v_b &= -v_x \cos\theta_1 - v_y \sin\theta_1 + \omega L \\
v_c &= -v_x \sin\theta_2 + v_y \cos\theta_2 + \omega L
\end{aligned}
\tag{5-1}
$$

以矩阵形式表示如下：

$$
\begin{pmatrix} v_a \\ v_b \\ v_c \end{pmatrix} =
\begin{pmatrix}
1 & 0 & L \\
-\cos\theta_1 & -\sin\theta_1 & L \\
-\sin\theta_2 & \cos\theta_2 & L
\end{pmatrix}
\begin{pmatrix} v_x \\ v_y \\ \omega \end{pmatrix}
\tag{5-2}
$$

通过上面矩阵的运算，可以得到机器人底盘整体运动（v_x，v_y，ω）到各轮子转速（v_a，v_b，v_c）的转换，但还差十分关键的一步，就是世界坐标系与机器人坐标系之间的转换（从 XOY 转化为 $X'O'Y'$）。在世界坐标系中，机器人的线速度（v'_x，v'_y）和角速度（W），与机器人坐标系中线速度（v_x，v_y）和角速度（ω）间的转换关系如下：

$$
\begin{aligned}
v_x &= v'_x \cos\alpha - v'_y \sin\alpha \\
v_y &= v'_x \sin\alpha + v'_y \cos\alpha \\
\omega &= W
\end{aligned}
\tag{5-3}
$$

即从 $X'O'Y'$ 转化到 XOY 的速度需要乘上一个旋转矩阵：

$$
R(\alpha) =
\begin{pmatrix}
\cos\alpha & -\sin\alpha & 0 \\
\sin\alpha & \cos\alpha & 0 \\
0 & 0 & 1
\end{pmatrix}
\tag{5-4}
$$

所以有：

$$
\begin{pmatrix} v_x \\ v_y \\ \omega \end{pmatrix} =
\begin{pmatrix}
\cos\alpha & \sin\alpha & 0 \\
-\sin\alpha & \cos\alpha & 0 \\
0 & 0 & 1
\end{pmatrix}
\begin{pmatrix} v'_x \\ v'_y \\ W \end{pmatrix}
\tag{5-5}
$$

综合上述，可以得到在世界坐标系下底盘整体速度到各个轮子转速间的转换关系：

$$
\begin{pmatrix} v_a \\ v_b \\ v_c \end{pmatrix} =
\begin{pmatrix}
1 & 0 & L \\
-\cos\theta_1 & -\sin\theta_1 & L \\
-\sin\theta_2 & \cos\theta_2 & L
\end{pmatrix}
\begin{pmatrix}
\cos\alpha & \sin\alpha & 0 \\
-\sin\alpha & \cos\alpha & 0 \\
0 & 0 & 1
\end{pmatrix}
\begin{pmatrix} v'_x \\ v'_y \\ W \end{pmatrix}
\tag{5-6}
$$

化简后得到由底盘整体运动速度转换的机器人各个电动机的速度：

$$
\begin{pmatrix} v_a \\ v_b \\ v_c \end{pmatrix} =
\begin{pmatrix}
\cos\alpha & \sin\alpha & L \\
-\cos\theta_1 \cos\alpha + \sin\theta_1 \sin\alpha & -\cos\theta_1 \sin\alpha - \sin\theta_1 \cos\alpha & L \\
-\sin\theta_2 \cos\alpha - \cos\theta_2 \sin\alpha & -\sin\theta_2 \sin\alpha + \cos\theta_2 \cos\alpha & L
\end{pmatrix}
\begin{pmatrix} v'_x \\ v'_y \\ W \end{pmatrix}
\tag{5-7}
$$

2. 三轮全向底盘运动学正向解

在前面已经通过一系列数学处理推算出三轮全向底盘运动学逆向解，也就是世界坐标系机器人底盘整体运动速度转化为机器人各个电动机的速度。

三轮全向底盘运动学正向解，就是将机器人各个电动机速度转化成世界坐标系机器人底盘整体运动速度。顾名思义，正向解是逆向解的逆向运算。式（5-8）为三轮全向底盘运动学逆向解的运算公式为

$$\begin{pmatrix} v_a \\ v_b \\ v_c \end{pmatrix} = \begin{pmatrix} \cos\alpha & \sin\alpha & L \\ -\cos\theta_1\cos\alpha + \sin\theta_1\sin\alpha & -\cos\theta_1\sin\alpha - \sin\theta_1\cos\alpha & L \\ -\sin\theta_2\cos\alpha - \cos\theta_2\sin\alpha & -\sin\theta_2\sin\alpha + \cos\theta_2\cos\alpha & L \end{pmatrix} \begin{pmatrix} v'_x \\ v'_y \\ W \end{pmatrix} \quad （5\text{-}8）$$

该公式中系数矩阵 $\boldsymbol{R}'(\alpha)$ 为

$$\boldsymbol{R}'(\alpha) = \begin{pmatrix} \cos\alpha & \sin\alpha & L \\ -\cos\theta_1\cos\alpha + \sin\theta_1\sin\alpha & -\cos\theta_1\sin\alpha - \sin\theta_1\cos\alpha & L \\ -\sin\theta_2\cos\alpha - \cos\theta_2\sin\alpha & -\sin\theta_2\sin\alpha + \cos\theta_2\cos\alpha & L \end{pmatrix} \quad （5\text{-}9）$$

对其求逆矩阵 $\boldsymbol{R}'^{-1}(\alpha)$ 为

$$\boldsymbol{R}'^{-1}(\alpha) = \frac{1}{\cos(\theta_1-\theta_2) + \cos\theta_2 + \sin\theta_1} \begin{pmatrix} \cos(\alpha+\theta_2) + \sin(\alpha+\theta_1) & -\cos(\alpha+\theta_2) + \sin\alpha & -\sin(\alpha+\theta_1) - \sin\alpha \\ -\cos(\alpha+\theta_1) - \sin(\alpha+\theta_2) & -\sin(\alpha+\theta_2) - \cos\alpha & \cos(\alpha+\theta_1) + \cos\alpha \\ \dfrac{\cos(\theta_1-\theta_2)}{L} & \dfrac{\cos\theta_2}{L} & \dfrac{\sin\theta_1}{L} \end{pmatrix}$$

$$（5\text{-}10）$$

因此，三轮全向底盘运动学正向解公式为

$$\begin{pmatrix} v'_x \\ v'_y \\ W \end{pmatrix} = \boldsymbol{R}'^{-1}(\alpha) \begin{pmatrix} v_a \\ v_b \\ v_c \end{pmatrix} \quad （5\text{-}11）$$

四、上位机与下位机间的连接

上位机与下位机间的连接如图 5-8 所示。

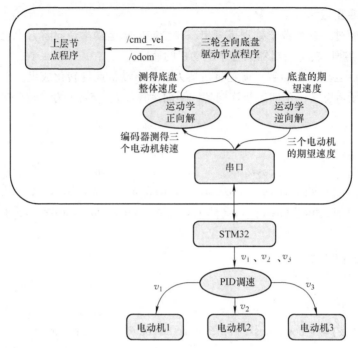

图 5-8　上位机与下位机间的连接

PC 与 STM32 间的通信协议见表 5-5。

表 5-5　PC 与 STM32 间通信协议

指令名	指令格式	说　明
m 指令：电动机速度控制	m（a 电动机速度）（b 电动机速度）（c 电动机速度）（维持时间 time）\r\n	设定三个电动机的相对速度（r/min）并维持一定时间（如维持 500ms 后若无 m 指令输入，则电动机速度自动归零）
上位机输入格式：m（a 电动机速度）（b 电动机速度）（c 电动机速度）（维持时间 ms）\r\n 下位机返回：OK\r\n 例： 上位机发送：m（120）（80）（54）（50）\r\n 下位机应答：OK\r\n		
r 指令：所有电动机编码值清零	r\r\n	
上位机输入格式：r\r\n 下位机返回：OK\r\n 例： 上位机发送：r\r\n 下位机应答：OK\r\n		
e 指令：读取三个电动机的编码器数值	e\r\n	下位机返回三个电动机的编码器数值
上位机输入格式：e\r\n 下位机返回： （a 电动机编码器）\t（b 电动机编码器）\t（c 电动机编码器）\r\n 例： 上位机发送：e\r\n 下位机应答：100\t245\t672\r\n		

五、三轮全向底盘驱动节点程序

Castle-X 的 castle_stm32_bridge 功能包里有三轮全向底盘驱动节点程序，其底层代码位于 ~/catkin_ws/src/castle_stm32_bridge/src/castlex_stm32_bridge.py 文件中。

该功能节点能够订阅话题 /cmd_vel 上的速度控制信息（底盘整体速度），然后调用逆运动学公式对速度控制信息进行运动学逆向求解，求得底盘三个电动机的期望速度；接着驱动串口，将电动机的期望速度通过串口下发至下位机 STM32（单片机）上，STM32 应用 PID（算法）控制对三个电动机进行调速。

该功能节点能够向话题 /odom 发布底盘的里程计信息，STM32 通过串口向上位机发送三个电动机对应编码器的测速信息。该功能节点接受到测速信息后调用正运动学公式进行三轮全向底盘的运动学正向求解，求得底盘的整体速度，然后将该速度包装成里程计信息发布到 /odom 上。

 任务内容

使用键盘控制机器人三轮全向底盘移动：

1）启动上下位机通信节点。打开新终端，输入如下指令，如图 5-9 所示。

```
$ roslaunch castle_stm32_bridge castle_stm32_bridge.launch
```

```
终端 文件(F) 编辑(E) 查看(V) 搜索(S) 终端(T) 帮助(H)
kyle@kyle-E402SA:~$ roslaunch castle_stm32_bridge castle_stm32_bridge.launch
... logging to /home/kyle/.ros/log/b26425f4-3734-11e9-8075-94e97948bcc3/roslaunch-kyle-E402SA-4770.log
Checking log directory for disk usage. This may take awhile.
Press Ctrl-C to interrupt
Done checking log file disk usage. Usage is <1GB.

started roslaunch server http://kyle-E402SA:32995/

SUMMARY
========

PARAMETERS
 * /rosdistro: kinetic
 * /rosversion: 1.12.14

NODES
  /
    Stm32_node (castle_stm32_bridge/castle_stm32_bridge_node.py)

auto-starting new master
process[master]: started with pid [4780]
ROS_MASTER_URI=http://localhost:11311

setting /run_id to b26425f4-3734-11e9-8075-94e97948bcc3
process[rosout-1]: started with pid [4793]
started core service [/rosout]
process[Stm32_node-2]: started with pid [4804]
[INFO] [1550903512.789510]: Connecting to STM32 on port /dev/ttyUSB0...
[INFO] [1550903512.794602]: Sleeping for 1 second...
[INFO] [1550903513.797349]: Connection test successful.
[INFO] [1550903513.800148]: Serial health : True
[INFO] [1550903513.803435]: Connected to STM32 on port /dev/ttyUSB0 at 119200 baud
[INFO] [1550903513.806434]: STM32 is ready.
```

图 5-9 启动 castle_stm32_bridge 节点

2）启动键盘控制节点程序，打开新终端，输入以下指令，如图 5-10 所示。

```
$ rosrun teleop_twist_keyboard teleop_twist_keyboard.py
```

```
kyle-E402SA: ~
kyle@kyle-E402SA:~$ rosrun teleop_twist_keyboard teleop_twist_keyboard.py

Reading from the keyboard  and Publishing to Twist!
---------------------------
Moving around:
   u    i    o
   j    k    l
   m    ,    .

For Holonomic mode (strafing), hold down the shift key:
---------------------------
   U    I    O
   J    K    L
   M    <    >

t : up (+z)
b : down (-z)

anything else : stop

q/z : increase/decrease max speeds by 10%
w/x : increase/decrease only linear speed by 10%
e/c : increase/decrease only angular speed by 10%

CTRL-C to quit

currently:      speed 0.5       turn 1.0
```

图 5-10　打开键盘控制节点

speed 为底盘移动时的线速度（m/s），turn 为底盘转向时的角速度（rad/s）。利用键盘的 w\x 键可调整线速度大小，e\c 键可调整角速度。下面将调至适合测试底盘的速度，如图 5-11 所示。

```
kyle@kyle-E402SA: ~
   m    ,    .

For Holonomic mode (strafing), hold down the shift key:
---------------------------
   U    I    O
   J    K    L
   M    <    >

t : up (+z)
b : down (-z)

anything else : stop

q/z : increase/decrease max speeds by 10%
w/x : increase/decrease only linear speed by 10%
e/c : increase/decrease only angular speed by 10%

CTRL-C to quit

currently:      speed 0.17433922005     turn 0.531441
currently:      speed 0.17433922005     turn 0.4782969
currently:      speed 0.17433922005     turn 0.43046721
currently:      speed 0.17433922005     turn 0.387420489
```

图 5-11　调整键盘控制速度

3）遥控机器人运动，参考键盘控制按键如图 5-12 所示，控制机器人移动。

```
Moving around:
   u    i    o
   j    k    l
   m    ,    .

For Holonomic mode (strafing), hold down the shift key:
---------------------------
   U    I    O
   J    K    L
   M    <    >

t : up (+z)
b : down (-z)
```

图 5-12　键盘控制按键

图 5-12 所示为键盘控制节点启动时的按键信息，例如按下键盘上的“i”键时，机器人会向前直走；按下键盘上的“,”键时，机器人会向后直走；按下键盘上的“l”键时，机器人会原地旋转；按下键盘上的“shift+l”键，也就是“L”时，机器人会向右平移。其他控制按键的使用方法同上，读者可一一测试。

结果汇报

1.各小组完成任务的各个步骤，并接受检查。

2.各小组完成任务后进行总结，然后关闭机器人的上位机及电源，清洁自己的工位并归还机器人配套的键盘、鼠标、控制器等设备。

思 考 题

1.使用三轮全向底盘的机器人有什么优点和缺点？（提示：试从运动学解算难度及使用成本方面考虑）

2.在键盘遥控机器人这一范例中，STM32 起到了什么作用？

任务评价

通过以上学习，根据任务实施过程，将完成任务情况记录在下表中，并完成任务评价。

班级		姓名		学号		日期	年 月 日
学习任务名称：							
自我评价	1.是否能理解三轮底盘控制机器人运动的原理		□是　　□否				
	2.是否能看懂三轮底盘运动学分析		□是　　□否				
	3.是否能看懂三轮底盘运动学解算		□是　　□否				
	4.是否能在 ROS 下用键盘控制机器人移动		□是　　□否				
	在完成任务时遇到了哪些问题？是如何解决的？						
	1.是否能够独立完成工作页的填写		□是　　□否				
	2.是否能按时上、下课，着装规范		□是　　□否				
	3.学习效果自评等级		□优　　□良　　□中　　□差				
	总结与反思：						
小组评价	1.在小组讨论中能积极发言		□优　　□良　　□中　　□差				
	2.能积极配合小组成员完成工作任务		□优　　□良　　□中　　□差				
	3.在查找资料信息中的表现		□优　　□良　　□中　　□差				
	4.能够清晰表达自己的观点		□优　　□良　　□中　　□差				
	5.安全意识与规范意识		□优　　□良　　□中　　□差				
	6.遵守课堂纪律		□优　　□良　　□中　　□差				
	7.积极参与汇报展示		□优　　□良　　□中　　□差				
教师评价	综合评价等级： 评语： 教师签名：　　　　　　年　月　日						

任务 2 利用陀螺仪优化里程计数据

✏️ 任务概述

本任务是学习机器人的里程计、电动机编码器累计误差的来源以及优化里程计的方法。任务中使用 Castle-X 中配备的陀螺仪作为辅助元件，优化里程计数据，并学习使用手柄来控制机器人的方法。

👉 任务要求

1. 理解移动机器人的里程计。
2. 理解移动机器人里程计的积累误差来源。
3. 理解优化里程计数据的重要性。
4. 了解 Castle-X 上的陀螺仪驱动程序的使用方法。

🥕 任务准备

1. 预习知识链接中的内容，了解机器人里程计的构成。
2. 了解陀螺仪传感器的基础知识。
3. 了解里程计的误差来源以及误差的优化方法。

📎 知识链接

一、移动机器人里程计

里程计是一种利用从移动传感器获得的数据来估计物体位置随时间变化而改变的装置。该装置被用在许多种机器人系统（轮式或者腿式）上来估计机器人相对于初始位置移动的距离。里程计对由速度对时间积分来求得位置的估计时所产生的误差十分敏感。快速、精确的数据采集，设备标定以及处理过程对于高效的使用该方法是十分必要的。

在上一任务中，我们学会了应用正向及逆向运动学分析三轮全向底盘的运动状态。其中正向运动学的作用是通过编码器测量三个电动机的瞬时转速，然后上传给上位机进行正向运动学解算，从而得到移动机器人整体的运动速度。

简单来说，里程计主要包含两个方面的信息：

① 位姿（位置和转角），即 (x, y, θ)。
② 速度（前进速度和转向速度）。

对于一般的 ROS 机器人，常见的里程计数据获取途径有编码器和姿态传感器。

1）编码器：采用编码器电动机来获取，经过前面三轮底盘运动学解算实验的学习，我们应该知道测量出底盘三个电动机的转速，即可应用运动学方程轻易求解机器人整体的线速度与角速度，如图 5-13 所示。

2）姿态传感器：采用姿态传感器来获取，常见的姿态传感器是 9 轴姿态传感器（GY-86、MPU9250 等）。9 轴姿态传感器包含三个核心模块：3 轴加速度计、3 轴陀螺仪、3 轴磁力计。在下面的第三部分将以 GY-86 模块为例详细介绍 9 轴姿态传感器。

二、仅使用电动机编码器计算得到的里程计积累误差来源

经过前面三轮底盘运动学解算实验的学习，我们知道虽然只需要测量出底盘三个轮子的转速即可应用正向运动学方程求解得到机器人整体的线速度与角速度，但是前面的解算有一个重要的前提假设：底盘绝对理想并且没有与地面发生打滑。然而，实际使用中会不可避免地出现轮子打滑和累计误差等情况。仅仅使用编码器得到里程计会出

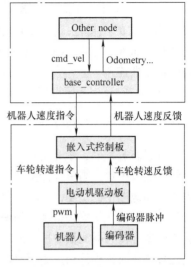

图 5-13　机器人控制与反馈

现一定的偏差，而且该偏差会随着机器人的运动一直进行积累，在进行导航过程中虽然激光雷达会纠正里程计与地图间的偏差，但一个准确的里程对这个系统还是极为重要，这直接影响到机器人的建图与导航效果。

三、Castle-X 的 9 轴姿态传感器

Castle-X 配备的 9 轴姿态传感器是 GY-86 模块。GY-86 模块板上继承了四种传感器，分别是加速度传感器 ADXL345、磁场强度传感器 HMC5883L、3 轴陀螺仪 ITG3205、气压传感器 BMP085。虽然称它为 9 轴传感器，但实际上它能有 10 维的测量空间，它们彼此协作，能够在工作时补偿彼此的缺陷，同时在使用算法滤波时也能给用户提供一个清晰的程序设计思路。它被广泛应用在机器人、无人机、自动汽车、图像稳定系统中，而且控制效果令人满意。下面将逐一介绍 GY-86 上的板载模块。

1）ADXL345（加速度传感器）：一款小而薄的超低功耗 3 轴加速度计，分辨率高（13 位），测量范围达 ±16g。数字输出数据为 16 位二进制补码格式，可通过 SPI（3 线或 4 线）或 I²C 数字接口访问。ADXL345 非常适合移动设备应用，它可以在倾斜检测应用中测量静态重力加速度，还可以测量运动或冲击导致的动态加速度，其高分辨率（3.9mg/LSB），能够测量不到 1.0° 的倾斜角度变化。

2）HMC5883L（磁场强度传感器）：一款带数字接口的弱磁传感器芯片，主要应用于低成本罗盘和磁场检测领域，包括最先进的高分辨率 HMC118X 系列磁阻传感器，并附带霍尼韦尔专利的集成电路，包括放大器、自动消磁转换器、偏差校准、能使罗盘精度控制在 1°～2° 的 12 位模 / 数转换器，简易的 I²C（一种简单、双向二线制同步串行）总线接口。采用霍尼韦尔各向异性磁阻（AMR）技术。

3）ITG3205（三轴陀螺仪）：一款输出为数字量，3 个整合之 16 位的模 / 数转换器（ADC），提供陀螺仪同步取样，且不需额外的多任务器（multiplexer）。用户可选择内部的数字低通滤波器，并可编程改变其带宽，且带有快速模式（400kHz）的 I²C 接口。

4）BMP085（气压传感器）：高精度、低功耗的气压传感器，在一些先进的移动设备中都有应用。它的测量范围为 300~ 1100hPa，并且其绝对精度为 2.5hPa，噪声干扰仅有 0.03hPa。它的尺寸很小，采用 LCC（无针脚芯片封装设计）封装，通过 I^2C 接口能很好地与移动设备中的微控制器连接。

此外，它还嵌入了温度传感器和精度为 2% 的内部晶振。

四、利用陀螺仪传感器优化机器人的里程计数据

在进行导航时，激光雷达纠正里程计的线速度积累误差效果比较好，但是角速度上的积累误差纠正比较困难，当里程计偏航角误差过大时，很可能会发生导航失控的情况，因为机器人找不到自己在地图中的位姿，自然而然难以进行导航。因此，优化机器人的里程计数据很有必要，而且需要着重优化机器人运动时的偏航角，使其尽可能契合机器人的实际位姿。常见的移动机器人会使用姿态传感器测量数据与电动机编码器计算而来的里程计数据进行扩展卡尔曼滤波融合，采用这种方法时里程计纠正效果比较理想，但是由于算法理论较复杂，对用户的数学理论基础要求极高，因此 Castle-X 机器人在该算法的基础上对其进行简化，以实现优化里程计数据。

通常情况下，通过电动机编码器计算得出机器人线速度比较准确，而且在进行导航时激光雷达能够很容易纠正误差；但是其缺点是偏航角随着机器人运动产生的积累误差相对比较大，而且难以被激光雷达纠正。而通过 GY-85 姿态传感器可以直接测量出机器人转向速度，而且测量值较为准确，不会受底盘打滑影响，但是测量机器人的线速度则是通过对加速度计模块测量出的加速度进行积分，测量出的线速度噪声高，且误差比较大。因此，为了结合两者的优点，规避各自的缺点，我们选择的里程计数据优化方案是：里程计线速度通过编码器计算求得，里程计的旋转速度则采用 GY-85 上陀螺仪模块测量值。

 任务内容

遥控机器人移动：

1）启动上下位机通信节点，打开新终端，输入如下指令，如图 5-14 所示。

```
$ roslaunch castle_stm32_bridge castle_stm32_bridge.launch
```

```
终端 文件(F) 编辑(E) 查看(V) 搜索(S) 终端(T) 帮助(H)
kyle@kyle-E402SA:~$ roslaunch castle_stm32_bridge castle_stm32_bridge.launch
... logging to /home/kyle/.ros/log/b26425f4-3734-11e9-8075-94e97948bcc3/roslaunch-kyle-E402SA-4770.log
Checking log directory for disk usage. This may take awhile.
Press Ctrl-C to interrupt
Done checking log file disk usage. Usage is <1GB.

started roslaunch server http://kyle-E402SA:33893/

SUMMARY
========

PARAMETERS
 * /rosdistro: kinetic
 * /rosversion: 1.12.14

NODES
 /
    Stm32_node (castle_stm32_bridge/castle_stm32_bridge_node.py)

auto-starting new master
process[master]: started with pid [4780]
ROS_MASTER_URI=http://localhost:11311

setting /run_id to b26425f4-3734-11e9-8075-94e97948bcc3
process[rosout-1]: started with pid [4793]
started core service [/rosout]
process[Stm32_node-2]: started with pid [4816]
[INFO] [1550903512.789510]: Connecting to STM32 on port /dev/ttyUSB0...
[INFO] [1550903512.794602]: Sleeping for 1 second...
[INFO] [1550903513.797349]: Connection test successful.
[INFO] [1550903513.800148]: Serial health : True
[INFO] [1550903513.803435]: Connected to STM32 on port /dev/ttyUSB0 at 119200 baud
[INFO] [1550903513.806434]: STM32 is ready.
```

图 5-14 启动 castle_stm32_bridge.launch 节点

该 launch 文件启动了 Castle-X 的底盘电动机驱动节点程序，同时启动了 GY-85（姿态传感器）的驱动节点程序，并且将两者组合形成里程计数据发布到话题 /odom 上。

2）启动键盘控制节点程序，打开新终端，输入如下指令，如图 5-15 所示。

```
$ rosrun teleop_twist_keyboard teleop_twist_keyboard.py
```

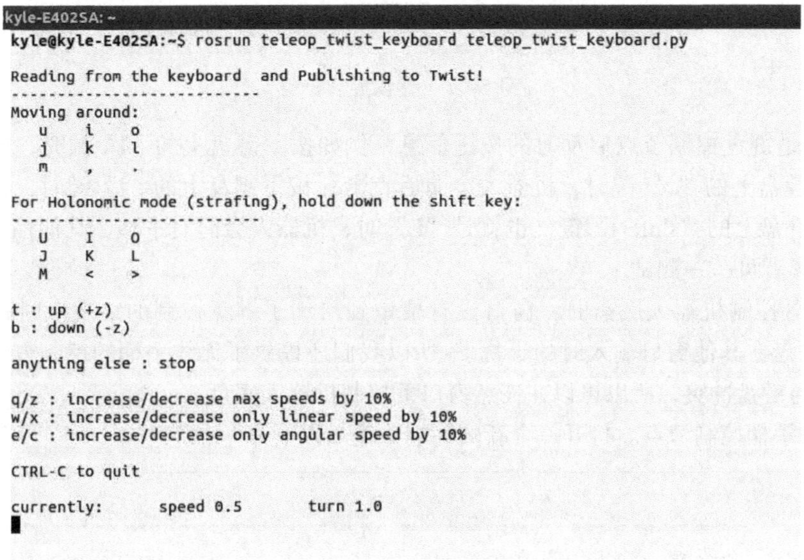

图 5-15　键盘控制节点

speed 为底盘移动时的线速度（m/s），turn 为底盘转向时的角速度（rad/s）。利用键盘的 w/x 键可以调整线速度的大小，e/c 键可以调整角速度的大小。下面将调至适合测试底盘的速度，如图 5-16 所示。

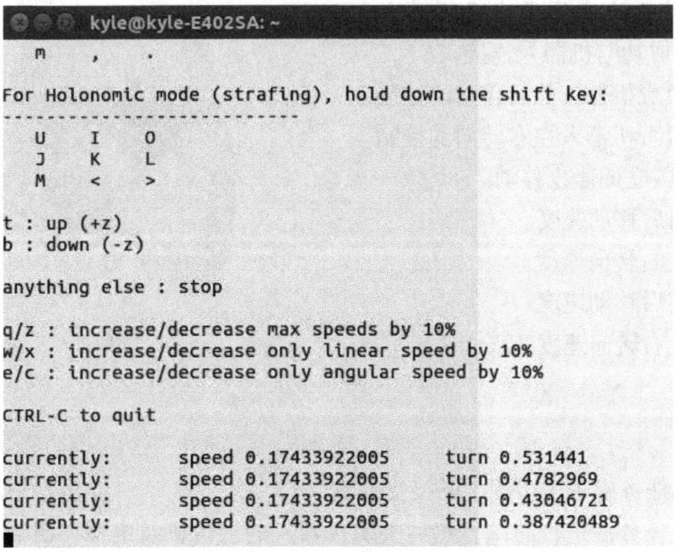

图 5-16　调整键盘控制速度

3）遥控机器人运动，如图 5-17 所示。

```
Moving around:
   u    i    o
   j    k    l
   m    ,    .

For Holonomic mode (strafing), hold down the shift key:
----------------------------
   U    I    O
   J    K    L
   M    <    >

t : up (+z)
b : down (-z)
```

图 5-17   键盘控制按键

图 5-17 是键盘控制节点启动时的按键信息，例如按下键盘上的"i"键时，机器人会向前直走；按下键盘上的","键时，机器人会向后直走；按下键盘上的"l"键时，机器人会原地旋转；按下键盘上的"shift+l"键，也就是"L"时，机器人会向右平移。其他控制按键的使用方法同上，读者可一一测试。

由于键盘控制机器人底盘时，窗口没有聚焦到启动了键盘控制的终端上时是无法控制的（为了防止键盘在其他窗口输入时的干扰），所以我们还提供了无线手柄的控制方式。因为手柄的按键不会与键盘冲突，所以可以在任意窗口下控制机器人底盘。

4）启动手柄控制节点。打开一个新的终端，输入以下命令：

```
$ roslaunch castle_stm32_bridge castle_stm32_bridge.launch
```

5）再打开一个终端，输入以下命令：

```
$ rosrun castlex_control castlex_joy.launch
```

若终端中没有出现错误，就可以使用手柄进行控制了，如图 5-18 所示。

按键功能说明：

① 唤醒键：启动节点后单击唤醒键启动手柄，下方小圆点亮起则成功与机器人连接。

② 左摇杆：负责机器人前后移动的控制。

③ 右摇杆：负责机器人左右转向的控制。

④ LB：按下则立即停止移动。

⑤ A：提高前后移动速度。

⑥ X：提高左右转向速度。

⑦ Y：降低前后移动速度。

⑧ B：降低左右转向速度。

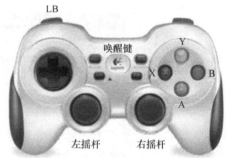

图 5-18   遥控手柄

📖 结果汇报

1. 各小组完成任务的各个步骤，并接受检查。

2. 各小组完成任务后进行总结，然后关闭机器人的上位机及电源，清洁自己的工位并归还机器人配套的键盘、鼠标、控制器等设备。

✔ 思 考 题

1. 陀螺仪与里程计相比有什么优点？

2. 键盘控制对比手柄控制有什么不同？为什么键盘控制时，按住一个键（如前进）会导致机器人开始时前进一步并停顿一下，而手柄控制不会出现这种情况？

✍ 任务评价

通过以上学习，根据任务实施过程，将完成任务情况记录在下表中，并完成任务评价。

班级		姓名			学号			日期	年 月 日
学习任务名称：									
自我评价	1. 是否能理解里程计数据的获取方法				□是	□否			
	2. 是否能理解陀螺仪如何优化里程计数据				□是	□否			
	3. 是否能使用键盘遥控机器人移动				□是	□否			
	4. 是否能使用手柄控制机器人移动				□是	□否			
	在完成任务时遇到了哪些问题？是如何解决的？								
	1. 是否能够独立完成工作页的填写				□是	□否			
	2. 是否能按时上、下课，着装规范				□是	□否			
	3. 学习效果自评等级				□优	□良	□中	□差	
	总结与反思：								
小组评价	1. 在小组讨论中能积极发言				□优	□良	□中	□差	
	2. 能积极配合小组成员完成工作任务				□优	□良	□中	□差	
	3. 在查找资料信息中的表现				□优	□良	□中	□差	
	4. 能够清晰表达自己的观点				□优	□良	□中	□差	
	5. 安全意识与规范意识				□优	□良	□中	□差	
	6. 遵守课堂纪律				□优	□良	□中	□差	
	7. 积极参与汇报展示				□优	□良	□中	□差	
教师评价	综合评价等级： 评语： 教师签名： 年 月 日								

项目 6
机器人实时地图构建与导航

6

SLAM（Simultaneous Localization and Mapping）也 称 为 CML（Concurrent Mapping and Localization），即实时定位与地图构建，或并发建图与定位。可以描述为：将一个机器人放入未知环境中的未知位置，是否有办法让机器人一边移动一边逐步描绘出此环境完全的地图。所谓完全的地图是指不受障碍地进入房间的每个角落。

任务1 机器人模型搭建

✎ 任务概述

本任务将创建 ROS 中可以查看的 3D 模型文件，机器人模型用于在终端控制机器人进行各种应用时直观地查看机器人的具体状态。本任务使用 SOLIWORKS 中的 SW2URDF 插件快速自动生成机器人模型的 URDF 文件，了解 URDF 文件的构成以及部署方法。

☞ 任务要求

1. 了解 ROS 下机器人模型描述语言 URDF。
2. 了解简易地搭建机器人模型的方法。
3. 使用 Rviz（3D 可视化工具）显示并查看机器人模型。
4. 使用 Gazebo（机器人仿真软件）显示并查看机器人模型。

✖ 任务准备

1. 预习知识链接中的内容，理解 URDF（格式）和 XACRO（格式）文件是如何通过标签对机器人进行描述的。
2. 了解 Rviz 和 Gazebo 软件的基本作用和用法。

知识链接

一、URDF 的介绍

URDF（Unified Robot Description Format）即统一的机器人描述格式，是 ROS 中一个非常重要的机器人模型描述格式。ROS 可以解析文件中使用 XML（语音标记）格式描述的机器人模型，同时提供 URDF（格式）文件的 C++ 解析器。

主要标签及其用法如下所述：

（一）<link> 标签

<link> 标签用于描述机器人某个刚体部分的外观和物理属性。

主要标签如下：

1）描述机器人 link 部分外观参数的 <visual> 标签，例如，尺寸（size）、颜色（color）和形状（shape）。

2）描述 link 的惯性参数的 <inertial> 标签，例如，惯性矩阵（inertial matrix）。

3）描述 link 的碰撞属性的 <collision> 标签，例如，碰撞参数（collision properties）。

实例如下：

```
<link name="<link name>">
<inertial> …… </inertial>
<visual> …… </visual>
<collision> …… </collision>·
```

link 结构图如图 6-1 所示。

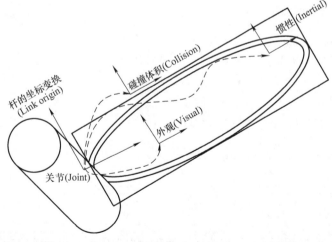

图 6-1　link 结构图

子标签的介绍：

1. <visual> 的子标签

1）<geometry>：可视对象的形状，包括 <box> 标签（大小属性包含框的三个边长，box

的原点在它的中心）。

2）<cylinder>：表示指定半径和长度，圆柱体的原点在其中心。

3）<sphere>：表示指定半径，球体的原点在其中心。

4）<mesh>：表示模型的纹理和颜色。

5）<material>：包括 <color>（设置 link 的 RGBA 的颜色值）。

6）<texture>：材质的纹理由文件名指定。

2. <inertial> 的子标签

1）<origin>：设置 link 的坐标，其中 x、y、z 表示 link 在 X、Y、Z 方向上的偏移量；rpy 表示在 x、y、z 方向上的旋转角度，单位为 rad。

2）<mass>：设置 link 的质量，单位为 kg。

3）<inertia>：3×3 转动惯性张量，在惯量框架中表示。因为转动惯量矩阵是对称的，所以这里只指定了该矩阵上 6 个对角元素 Ixx、Ixy、Ixz、Iyy、Iyz 和 Izz。

3. <collision> 的子标签

<collision> 的子标签包括 <origin> 和 <geometry> 标签，实例如下：

```
<link name="my_link">

<inertial>
<origin xyz="0 0 0.5" rpy="0 0 0"/>
<mass value="1"/>
<inertia ixx="100" ixy="0" ixz="0" iyy="100" iyz="0" izz="100" />
</inertial>
<visual>
<origin xyz="0 0 0" rpy="0 0 0" />
<geometry>
<box size="1 1 1" />
</geometry>
<material name="Cyan">
<color rgba="0 1.0 1.0 1.0"/>
</material>
</visual>
<collision>
<origin xyz="0 0 0" rpy="0 0 0"/>
<geometry>
<cylinder radius="1" length="0.5"/>
</link>
```

（二）<joint> 标签

<joint> 标签用于描述机器人关节的运动学和动力学属性，包括关节运动的位置和速度限制。根据关节运动形式，可以将其分为 6 种类型，见表 6-1。

表 6-1　Joint 标签关节类型

关节类型		说　明
continuous	旋转关节	可以围绕单轴无限旋转
revolute	旋转关节	类似 continuous，但有旋转的角度极限
prismatic	滑动关节	沿某一轴线移动的关节，带有位置极限
planar	平面关节	允许在平面正交方向上平移或者旋转
floating	浮动关节	允许进行平移、旋转运动
fixed	旋转关节	固定关节，不允许运动的特殊关节

主要标签如下：

1）<parent>：joint 连接上一级 link。

2）<child>：joint 连接下一级 link。

3）<calibration>：关节的参考位置，用来校准关节的绝对位置。

4）<dynamics>：描述关节的物理属性，例如阻尼值、物理静摩擦力等，经常在动力学仿真中用到。

5）<limit>：描述运动的一些极限值，包括关节运动的上下限位置、速度限制、力矩限制等。

6）<mimic>：描述该关节与已有关节的关系。

7）<safety_controller>：描述安全控制器参数。

实例如下：

```
<joint name="<name of the joint>" type="<joint type>">
<parent link="parent_link"/>
<child link="child_link"/>
<calibration …… />
<dynamics damping …… />
<limit effort …… />
```

joint 结构图如图 6-2 所示。

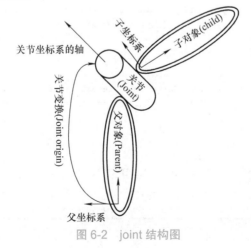

图 6-2　joint 结构图

（三）<robot> 标签

<robot> 标签是机器人模型的最顶层标签，<link> 和 <joint> 标签都必须包括在 <robot> 标签内，一个完整的机器人模型就是由一系列 <link> 和 <joint> 组成的，整体框架图如图 6-3 所示。

URDF 建模存在的问题：

1）模型冗长，重复内容过多。

2）参数修改麻烦，不便于二次开发。

3）没有参数计算的功能。

二、xacro 介绍

xacro（XML 宏）是一种 XML 宏语言。通过使用 xacro，可以扩展到更大 XML 表达式的宏来构造更短、更可读的 XML 文件。

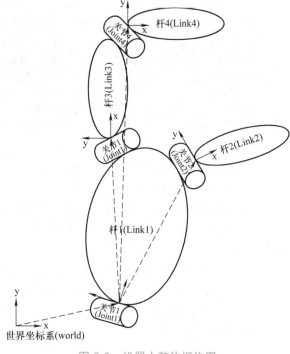

图 6-3　机器人整体框构图

1. xacro 的特点

1）精简模型代码：

① 创建宏定义。

② 文件包含。

2）提供可编程接口：

① 常量和变量的定义。

② 数学计算。

③ 条件语句。

2. 常用的语句用法

1）常量定义及使用定义：

常量定义：

```
<xacro:property name="M_PI" value="3.14159"/>
```

使用定义：

```
<origin xyz="0 0 0" rpy="${M_PI/2} 0 0"/>
```

2）数学计算用法：

```
<origin xyz="0 ${(motor_length+wheel_length)/2} 0" rpy="0 0 0"/>
```

3）宏定义及调用：

① 宏定义：

```
<xacro:macro name="name" params="A B C">\\
......\\
</xacro:macro>\\
```

② 调用：

```
<name A="A_value" B="B_value" C="C_value" />
```

4）文件包含：

```
<xacro:include filename="$(find robot_description)/urdf/xacro/ robot_base.
xacro" />
```

5）条件语句：

```
<xacro:if value="<expression>">
<... some xml code here ...>
</xacro:if>
<xacro:unless value="<expression>">
<... some xml code here ...>
</xacro:unless>
```

3. 模型显示
方法一：将 xacro 文件转换成 URDF 文件后加以显示。

```
rosrun xacro xacro.py robot.xacro > robot.urdf
```

方法二：直接调用 xacro 文件解析器。

```
<arg name="model" default="$(find xacro)/xacro -inorder
(find robot_description)/urdf/xacro/robot.xacro"/>
```

三、Rviz 介绍

Rviz 是 ROS 官方的一款 3D 可视化工具，不仅可以查看机器人的内部结构以及各种传感器的数据，包括地图、3D 点云、RBG（色彩模式）图等，还能直接在 Rviz 工具中搭建简单的机器人进行测试。

Rviz 界面与操作：

Rviz（3D 可视化工具）启动界面如图 6-4 所示。

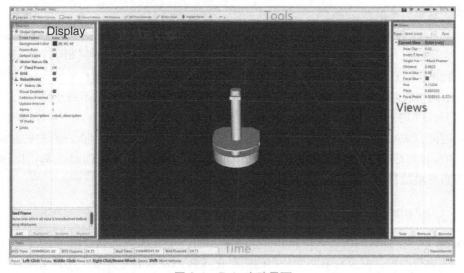

图 6-4　Rviz 启动界面

（1）3D 显示引擎　这个区域可以将获取到的数据形象化地显示出来，在使用的时候可以用鼠标拖动以及滑动滚轮来进行调节画面。使用 Shift+ 鼠标拖动可以实现单个方向地移动画面。

（2）Display　在该区域中可以添加各种显示组件，比如图 6-4 中添加了 RobotModel，然后在 3D 显示引擎中就可以看到机器人的模型。想要添加新的组件时，单击 Display 区域左下角的 Add 按钮，如图 6-5 所示。

然后在窗口中直接选取想要添加的组件。另外也可以选择 By topic（按钮），直接找到当时发布的话题中可以可视化查看的数据。

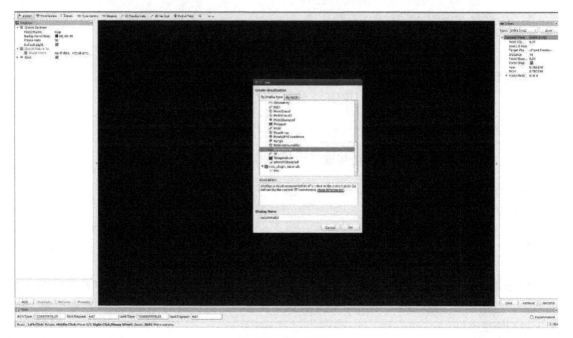

图 6-5　添加组件

组件添加后，组件里也有很多的参数和选项来改变显示出来的画面，但是不同的组件有不同的参数，这里就不展开说明了。

（3）Views（视角栏）　这个区域是调节摄像机的相关参数。在 3D 显示时，我们看到的画面相当于一个摄像机在 3D 空间的某个位置拍摄到的东西。当想要放大查看时相当于将摄像机靠近物体。若将鼠标放在 3D 显示引擎中滚动滑轮，可以看到 Views 中的数据在发生变化。Type 选项中的几个不同模式可以尝试使用一下，但是一般不需要使用，所有这里就不展开说明了。

（4）Time（时间）　ROS Time 是 ROS 的内置时钟时间，ROS elapsed 为启动 ROS 后到此刻经过的时间，WALL Time 是模拟时间，WALL Elapsed 是模拟开始后到此刻经过的时间。

（5）Tools（工具栏）　该区域中有几个常用的工具，比如 2D Nav Goal 工具可以通过简单的单击发布导航的目标位置信息。（在后面的任务中将会用到）

四、Gazebo 介绍

Gazebo 是一个强大的机器人仿真软件，也是 ROS 平台上常用的软件之一。Gazebo 提供了一个强大的物理引擎，并且有着非常易用的图形化界面；Gazebo 中有很大的模型库，不仅有各种机器人模型，也包括场景模型。我们可以在 Gazebo 中制作非常大型且复杂的环境，然后将机器人置入其中进行算法测试。

Gazebo 的启动界面如图 6-6 所示。

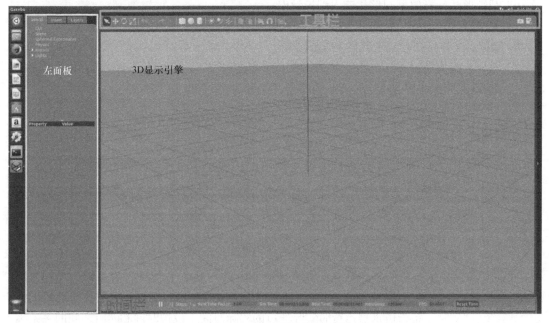

图 6-6　Gazebo 的启动界面

1. 左面板中的三个选项卡

（1）world　"世界"选项卡显示当前在场景中的模型，并允许查看和修改模型参数（如姿势）；还可以通过扩展"GUI"（图形用户界面）选项并调整摄像机姿态来更改摄像机视角。

（2）insert　"插入"选项卡是向模拟添加新对象（模型）的位置。要查看模型列表，可能需要单击箭头来展开该文件夹。在要插入的模型上单击（并释放），然后再次单击场景中即可实现添加。

（3）layer　"层"选项卡组织并显示模拟中可用的不同可视化组（如果有）。层可能包含一个或多个模型。打开或关闭图层将显示或隐藏该图层中的模型。这是一个可选功能，因此在大多数情况下，此选项卡将为空。

2. 工具栏（图 6-7）

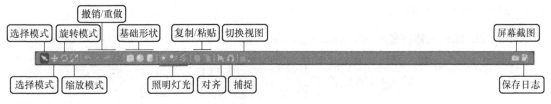

图 6-7　工具栏

1）选择模式：在场景中导航。

2）移动模式：选择要移动的模型。

3）旋转模式：选择要旋转的模型。

4）缩放模式：选择要缩放的模型。

5）撤销 / 重做：在场景中撤销 / 重做动作。

6）基础形状：将简单的形状插入到场景中。

7）照明灯光：向现场添加灯光。

8）复制 / 粘贴：在场景中复制 / 粘贴模型。

9）对齐：将模型对齐。

10）捕捉：将一个模型与另一个模型对齐。

11）切换视图：从各种角度查看场景。

3. 时间栏（图 6-8）

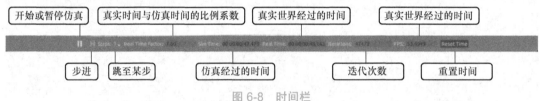

图 6-8　时间栏

底部工具栏显示有关仿真的数据，如模拟时间及其与现实生活时间的关系。"模拟时间"是指当模拟运行时，模拟器中的时间过快。模拟可以比实时更慢或更快，这取决于运行模拟所需的计算量。"实时"是指仿真器运行时实际通过的实际时间。模拟时间和实时之间的关系称为"实时因子"（RTF）。这是模拟时间与实时的比率。RTF 是与实时相比，是模拟运行速度或速度较慢的度量。

世界的状态每次发生迭代时，用户可以在底部工具栏的右侧看到迭代次数。每次迭代以固定的秒数进行模拟，称为步长。在默认情况下，步长为 1ms。用户可以按暂停按钮暂停模拟，并使用步骤按钮一次步进几步。

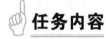
任务内容

一、3D 模型转化成 URDF 文件

ROS 中使用的机器人描述文件是 URDF（格式）文件，但当一个比较复杂的机器人用手动来构建时是非常困难的，所以在这里可以使用 SOLIDWORKS（软件）的一个插件来将 3D 模型转换成 URDF（格式）文件。

1. SW2URDF 插件安装

打开 SOLIDWORKS 软件，在菜单栏选择选项→插件，如图 6-9 所示。

图 6-9　安装 SW2URDF 插件

勾选插件面板中的 SW2URDF 插件，便完成了 SOLIDWORKS 的 SW2URDF 插件的安装和配置，如图 6-10 所示。

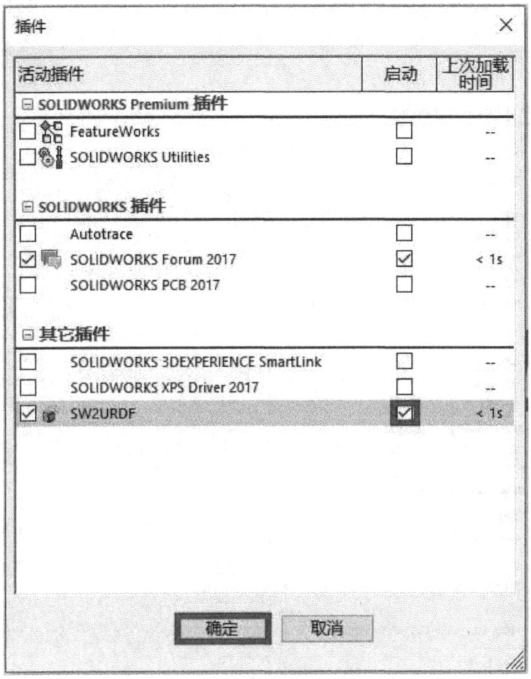

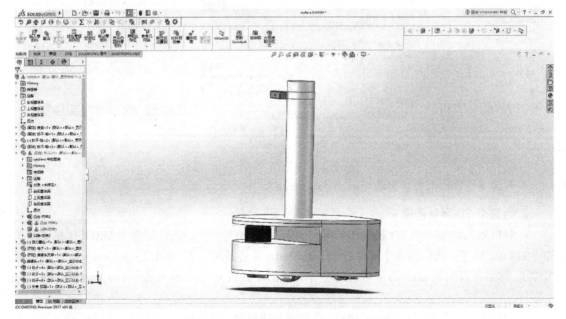

图 6-10 选择 SW2URDF 插件

2. 使用 SW2URDF 插件将 3D 模型导出到 URDF

这里我们已经创建好了机器人 Castle-X 的 3D 模型，如图 6-11 所示。

图 6-11 已创建的 Castle-X 的 3D 模型

单击窗口上方的"工具",并找到"File"选项,将会出现"Export as URDF"选项,如图6-12 所示。

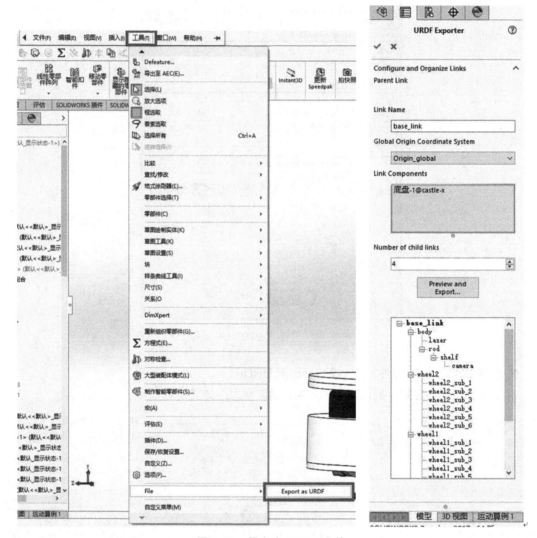

图 6-12　导出为 URDF 文件

左侧的属性管理面板将出现 URDF Exporter（操作命令）。

3. 为每个 3D 零件创建 link

针对机器人的每一个 3D 装配体的零件,都可以创建一个 Link,对应于 URDF（格式）文件中的 Link 标签。我们给每个零件设置 Link Name（连接名称）,单击 Link Components（连接组件）,然后可以为该 Link 添加对应的零件;我们还可以为 Link 指定添加 3D 装配体中的某几个零件。

配置树显示我们添加的所有 Link。对于树上的每个子 Link,将创建其父 Link 的关联。我们可以选择已添加的任何 Link 来更改其属性。右键单击 Link 可以添加子项或删除 Link，也可以拖放 Link 重新排序。将父 Link 拖动到子级上，将导致子 Link 与父 Link 切换位置。父 Link 的其他子项仍然保留原始父 Link。

4. 添加关节 Joint

对于子 Link，还需要添加关节名称 Joint Name（关节名称）；其他参数，比如 Reference Coordinate System（参考坐标系）、Reference Axis（参考基准轴）、Joint Type（关节类型），URDF Exporter（模型导出）已经默认添加了，我们可以根据自己的需求加以修改。

设置好 Link 的结构和 Joint 的关系之后，单击 Preview and Export（按钮）进行其他参数的设置，如图 6-13 所示。

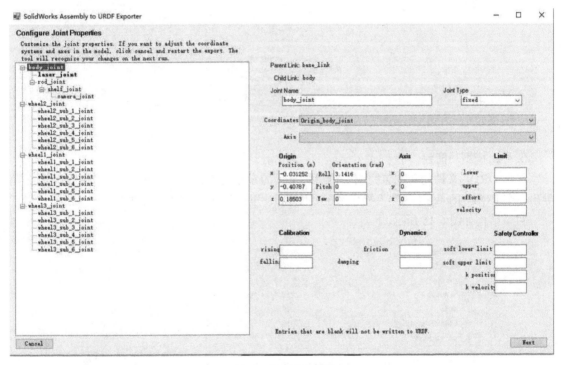

图 6-13　设置参数

页面左侧是刚才设置好的配置树，单击每个 Joint 将在右侧展示其属性。用户可以在导出之前自定义任何关节的属性。每次导出都需要重复这个过程，导出器不会保存这些参数。

默认为空的字段不是 URDF（格式）规范要求的。如果它们留空，它们将不会写入 URDF 文件。其他必填字段的节的属性如果不填，导出器会使用 0 填充，如图 6-14 所示。

此页面为 Link 的参数配置。用户可以更改左侧配置树中任何 Link 的属性，还可以添加纹理，更改颜色，更改不同部分的原点，更改惯性张量、质量等。

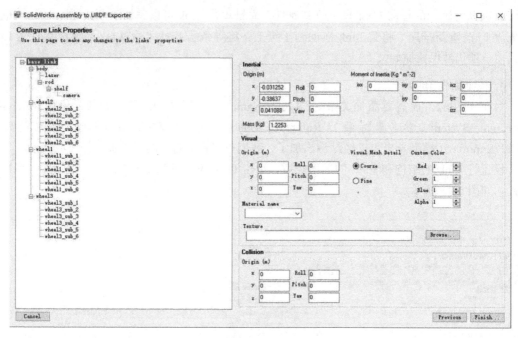

图 6-14　设置参数

5. 导出模型功能包

导出 URDF 文件的功能包完成 Link 和 Joint 的参数配置，单击"Finish"（按钮）之后，将导出一个 ROS package（机器人操作系统功能包），里面包含了 URDF 文件夹。

目录结构如图 6-15 所示。

config	2019/1/24 10:35	文件夹	
launch	2019/1/24 10:35	文件夹	
meshes	2019/1/24 10:35	文件夹	
textures	2019/1/24 10:35	文件夹	
urdf	2019/1/24 10:35	文件夹	
CMakeLists.txt	2019/1/24 10:35	文本文档	1 KB
package.xml	2019/1/24 10:35	XML 文档	1 KB

图 6-15　导出模型功能包

机器人的 URDF 文件存放在这个功能包的 URDF 文件夹中。

二、运行 castle-x 模型

1. 修改文件

打开 launch 文件夹，可以看到里面包含了 Rviz 的启动文件 display. launch 和 Gazebo（机器人仿真软件）的启动文件 gazebo.launch。这里有三个文件需要修改：

display.launch 的第 9 行：

```
textfile ="$(find castle-x_urdf_2)/robots/castle-x_urdf.urdf" />
```

中的 robots 改为 urdf。

gazebo.launch 的第 13 行：

```
gs="- file $（find castle-x_urdf_2）/robots/castle-x_urdf_2.urdf -urdf -model
castle-x_urdf"
```

中的 robots 改为 urdf。

package.xml 的第 10 行：

```
<maintainer email="me2email.com" />
```

其中邮箱应改为 xx@xx.com 格式。

2. 编译该功能包

将该功能包复制到 ~/castle_ws/src（路径），然后打开一个终端窗口，输入以下命令：

```
$ cd castle_ws
$ catkin_make
```

3. 更新环境变量

打开一个终端窗口，输入以下命令：

```
$ source ./bashrc
```

4. 用 Rviz 查看模型

打开一个终端窗口，输入以下命令：

```
$ roslaunch <package_name> display.launch
```

单击左下方的 "add" 按钮，添加 RobotModel（模型），结果如图 6-16 所示。

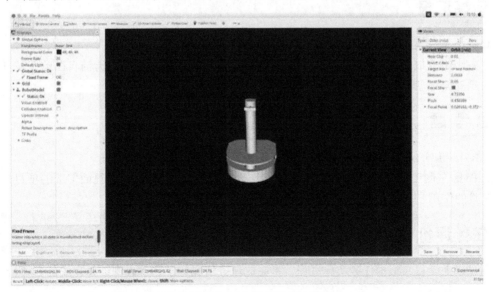

图 6-16　Rviz 中显示机器人模型

5. 用 Gazebo 查看模型

打开一个终端窗口，输入以下命令，如图 6-17 所示。

```
$ roslaunch <package_name> gazebo.launch
```

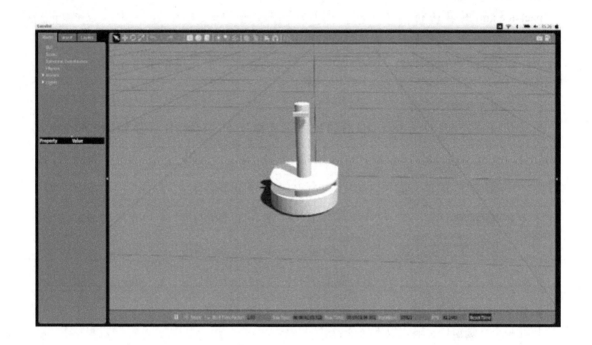

图 6-17　Gazebo 中显示机器人

📖 结果汇报

1. 各小组完成任务的各个步骤，并接受检查。

2. 各小组完成任务后进行总结，然后关闭机器人的上位机及电源，清洁自己的工位并归还机器人配套的键盘、鼠标、控制器等设备。

✔ 思 考 题

1. Rviz 与 Gazebo 都能查看模型，两者有什么区别？

2. Rviz 左侧工具栏中的各个工具有什么作用？同学们可以尝试修改里面勾选的项目，思考各个工具的作用。

✍ 任务评价

通过以上学习，根据任务实施过程，将完成任务情况记录在下表中，并完成任务评价。

班级		姓名		学号		日期	年 月 日

学习任务名称：

自我评价	1. 是否能理解 URDF 文件的作用	□是　　□否
	2. 是否能理解 Xacro 文件的作用	□是　　□否
	3. 是否能使用 SW2URDF 插件生成机器人模型功能包	□是　　□否
	4. 是否能在 Rviz 和 Gazebo 中调用机器人的模型	□是　　□否
	在完成任务时遇到了哪些问题？是如何解决的？	
	1. 是否能够独立完成工作页的填写	□是　　□否
	2. 是否能按时上、下课，着装规范	□是　　□否
	3. 学习效果自评等级	□优　□良　□中　□差
	总结与反思：	
小组评价	1. 在小组讨论中能积极发言	□优　□良　□中　□差
	2. 能积极配合小组成员完成工作任务	□优　□良　□中　□差
	3. 在查找资料信息中的表现	□优　□良　□中　□差
	4. 能够清晰表达自己的观点	□优　□良　□中　□差
	5. 安全意识与规范意识	□优　□良　□中　□差
	6. 遵守课堂纪律	□优　□良　□中　□差
	7. 积极参与汇报展示	□优　□良　□中　□差
教师评价	综合评价等级： 评语： 教师签名：　　　　　　　　年 月 日	

任务 2　使用激光雷达构建地图

✏️ 任务概述

本任务将学习服务机器人实时地图构建（slam）功能的使用，包括 ROS 下的 gmapping 功能包、gmapping 节点的话题输入输出以及 gmapping 节点的参数设置。通过对实验场地地图的构建，完成本任务的实验目标。

任务要求

1. 了解 Slam_gmapping 功能包。
2. 了解 gmapping 节点。
3. 掌握使用实体机器人构建环境地图。
4. 了解 gmapping 节点参数的优化。

任务准备

1. 检查机器人急停开关，若急停开关被按下，需要将其旋开。
2. 将机器人的键盘、鼠标以及手柄连接到机器人上，并检查连接是否正常。
3. 预习知识链接中的内容，熟悉 gmapping 功能包的使用。

知识链接

一、gmapping 功能包介绍

gmapping 算法是目前基于激光雷达和里程计方案里面比较可靠和成熟的一个算法，它基于粒子滤波，许多基于 ROS 的移动机器人都使用 gmapping 进行定位建图。gmapping 算法依赖里程计的数据，无法适应无人机及地面不平坦的区域，但是在室内或走廊中建图的质量很高。

二、gmapping 节点

1. gmapping 节点订阅的话题

1）tf（tf/tfMessage）：坐标变换。其中必须要提供的 tf（坐标变换）有两个：一个是 base_frame（机器人坐标系）与 laser_frame（激光雷达坐标系）之间的 tf，即机器人底盘和激光雷达之间的坐标变换；另一个是 base_frame 与 odom_frame（里程坐标系）之间的 tf，即底盘和里程计之间的坐标变换。

2）scan（sensor_mags/LaserScan）：获取激光雷达数据以构建地图。

2. gmapping 节点发布的话题

1）/tf：主要输出 map_frame（地图坐标系）和 odom_frame 之间的坐标变换。

2）/slam_gmapping/entropy：反映了机器人位姿估计的分散程度。

3）/map（nav_msgs/OccupancyGrid）：slam 建立的地图。

4）/map_metadata（nav_msgs/MapMetaData）：地图的相关信息。

3. Slam_gmapping 提供的服务

/dynamic_name：其 srv 类型为 nav_msgs/GetMap，用于获取当前地图。

三、gmapping 节点的部分参数介绍

gmapping 节点的部分参数介绍见表 6-2。

表 6-2 gmapping 节点的部分参数介绍

参 数	名 称	说 明
base_frame	机器人坐标系	它的值一般为机器人的基座（base_link）
odom_frame	里程计坐标系	它的值一般为里程计（odom）
map_update_interval	地图更新时间	更新地图的时间间隔，默认 0.01s
maxUrange	最大可用距离	激光雷达的最大可用距离，大于该值的数据截断不用
maxRange	最大扫描距离	激光雷达的最大扫描距离
lskip	跳过激光数据	为 0 时代表所有数据都处理。如果计算压力过大，可以改为 1
minimumScore	最小阈值	判断激光匹配是否成功的最小阈值。过高会使匹配失败，影响地图更新速度
linearUpdate	地图更新距离间隔	进行激光地图匹配的距离间隔
angularUpdate	地图更新角度间隔	进行激光地图匹配的角度间隔
Delta	地图分辨率	建立的栅格地图的每个栅格大小
particles	粒子数	设置粒子数，默认为 30

gmapping 的参数可以在 gmapping.launch.xml 文件中加以设置。其中比较重要的几个参数是：

1）particles（int，default：30）：gmapping 算法中的粒子数。因为 gmapping 使用的是粒子滤波算法，粒子在不断地迭代更新，所以选取一个合适的粒子数可以让算法在保证比较准确的同时具有较高的速度。

2）minimumScore（float，default：0.0）：最小匹配得分。这个参数很重要，它决定了对激光的一个置信度。其值越高，说明对激光匹配算法的要求越高，激光的匹配也越容易失败而转去使用里程计数据；而设得太低又会使地图中出现大量噪声，所以需要加以权衡和调整。

3）delta（float，default：0.05）：地图分辨率。在建图中应根据需要调整地图的分辨率，有助于提高机器人的定位和导航精度与速度。

👆 任务内容

一、查看 gmapping 的节点计算图

通过 gmapping 节点，用户可以用机器人在移动过程中激光传感器获取的数据创建 2D 栅格地图。使用 rqt_graph 工具可以得到 gmapping 的计算图。

1）打开终端窗口并输入以下命令，启动 gmapping 节点：

```
## 启动 gmapping 节点
$ rosrun gmapping gmapping_slam
```

终端中应该会显示信息，如图 6-18 所示。

```
NODES
  /
    slam_gmapping (gmapping/slam_gmapping)

auto-starting new master
process[master]: started with pid [25500]
ROS_MASTER_URI=http://localhost:11311

setting /run_id to 9744397e-35d3-11e9-91d9-28c2dd27ec11
process[rosout-1]: started with pid [25513]
started core service [/rosout]
process[slam_gmapping-2]: started with pid [25531]
```

图 6-18　启动 slam_gmapping 节点

这个时候就已经启动了 gmapping 节点了。

2）使用 rqt 工具查看 gmapping 节点计算图。打开一个新的终端窗口，并输入以下命令：

```
## 使用 rqt 工具查看此时的节点话题
$ rqt_graph
```

可以看到如图 6-19 所示计算图。

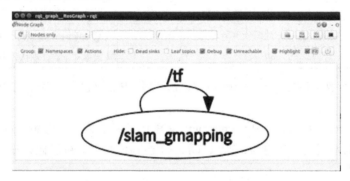

图 6-19　gmapping 计算图

图 6-19 中显示的是该节点正在发布和接收的 Topic（话题）。由于没有启动其他的节点向其发布和订阅消息，所以图中只有 gmapping 节点和 /tf（坐标变换）消息。要看到 gmapping 接收和发布的所有消息，可以在 rqt_graph（软件工具）窗口的功能栏中将 Nodes only（显示类型）选择为 Nodes/Topics（all），再取消勾选 Hide（操作命令）后面的 "Dead sinks" 和 "Leaf top-ics"，如图 6-20 所示。

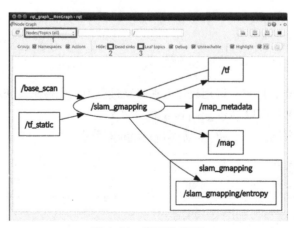

图 6-20　取消隐藏项

二、使用 gmapping 进行环境地图的构建

为了在实体机器人中进行环境地图构建，用户需要分别启动机器人底盘驱动节点、手柄遥控节点、激光雷达节点、gmapping 节点，然后还要启动 Rviz 实现数据的可视化。

1）编写用于启动各个节点的 launch 文件，在 ~/castle_ws/src/castle_nav//launch/ 中新建一个文件 gmapping_exp. launch，如图 6-21 所示。

图 6-21　新建 gmapping_exp.launch 文件

然后在该文件中输入以下内容：

```
<launch>
<!--　启动 castle-x 机器人 -->
<include file="$ (find castle_stm32_bridge)/launch/castle_stm32_bridge.
launch" />
<!--　启动手柄 joy -->
<include file="$ (find castlex_control)/launch/castle_teleop_joy. launch" />
<!--　启动 rplidar 激光雷达 -->
<include file="$ (file rplidar_ros)/launch/rplidar_A2.launch" />
<!--　启动 gmapping 节点 -->
<include file="$ (file castlex_slam)/launch/include/gmpping.launch.xml" />
<!--　启动 rviz -->
<node name="rviz" pkg="rviz" type="rviz" args="-d $ (find castlex_rviz)/
rviz/gmapping.rviz" />
<launch>
```

确认 launch（格式）文件的内容无误后关闭并保存文件。

2）启动 ROS_MASTER（机器人操作系统管理器）节点。

打开终端窗口，并输入以下命令：

```
## 启动 ROS_MASTER 节点
$ roscore
```

3）启动 gmapping_exp. launch，再打开一个新终端，并输入以下命令：

```
## 启动 gmapping_exp.launch 文件
$ roslaunch castlex_slam gmapping_exp.launch
```

这时需要观察一下 castle-X 机器人配备的激光雷达是否在正常工作。激光雷达正常工作时，雷达的上方是在旋转的，并且圆孔内有微弱的红色激光；若激光雷达没有转动，可以在终端按下 "Ctrl+C" 键中止程序，然后重新输入 "roslaunch castlex_slam gmapping_exp. launch"。现在就能看到 gmapping 构建的环境地图了，如果没有出现意外，将在屏幕上看到类似图 6-22 所示

的画面。

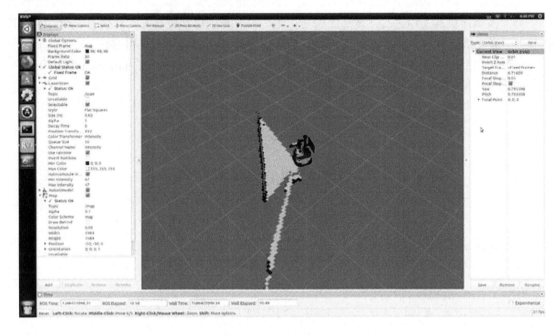

图 6-22　SLAM 建图显示

4）运行手柄遥控节点并控制机器人建图。

用机器人在实验室中运动，为了使建图的效果更好，应以较慢的速度移动机器人，并且注意确认地图中的角落是否有进行扫描。完成实验室的地图构建后，将构建好的地图加以保存，如图 6-23 所示。

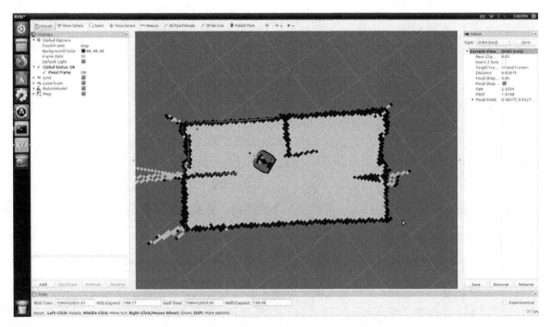

图 6-23　完成地图构建

5）保存地图。打开新的终端窗口，并输入以下命令：
使用 map_server 节点来保存当前的地图

```
$ mkdir save_map
$ rosrun map_server map_saver -f    ~/save_map/map_lab
```

地图保存结果如图 6-24 所示。

```
[ INFO] [1547274871.074607987]: Waiting for the map
[ INFO] [1547274871.302895010]: Received a 480 X 512 map @ 0.050 m/pix
[ INFO] [1547274871.302928579]: Writing map occupancy data to /home/minami/lab.p
gm
[ INFO] [1547274871.310578598]: Writing map occupancy data to /home/minami/lab.y
aml
[ INFO] [1547274871.310737797]: Done
```

图 6-24　地图保存结果

三、修改参数优化建图质量

1. 修改 launch 文件
找到 launch 文件中加载参数文件的那一行：

```
<include file="$(find castlex_slam)/launch/gmapping.launch"/>
```

将 gmapping.launch 改成 gmapping_params.launch.xml。

2. 修改参数文件
将 gmapping.launch.xml 文件复制一份并将名字改gmapping_params. launch.xml，如图 6-25 所示。
然后打开文件，修改参数 delta 为 0.01：

图 6-25　gmapping_params.launch.
xml 文件

```
<param name="delta" value="0.01"/>
```

3. 建图
新建一个终端，输入以下命令：

```
## 启动 gmapping_exp.launch 文件
$ roslaunch castlex_slam gmapping_exp.launch
```

使用手柄遥控机器人进行建图，观察构建地图的速度与地图的精细程度是否有不同。

📖 结果汇报

1. 各小组完成任务的各个步骤，并接受检查。
2. 各小组完成任务后进行总结，然后关闭机器人的上位机及电源，清洁自己的工位并归还机器人配套的键盘、鼠标、控制器等设备。

✔ 思 考 题

1. gmapping 节点订阅和发布的话题分别有什么作用？
2. 如果里程计的数据输入不准确，构建的地图会如何变化？
3. 进行地图构建的时候，移动的物体是如何处理的？
4. 修改参数 minimumScore 为 60，观察修改参数前后建图的速度和准确度有什么差别？
5. Rviz 中哪些数据进行了可视化？

✍ 任务评价

通过以上学习，根据任务实施过程，将完成任务情况记录在下表中，并完成任务评价。

班级		姓名		学号		日期	年 月 日
学习任务名称：							
自我评价	1. 是否能查看 gmapping 节点计算图			□是	□否		
	2. 是否能调节 gmapping 参数			□是	□否		
	3. 是否能完成地图构建			□是	□否		
	4. 是否能修改 delta 参数并对比修改前后地图的不同			□是	□否		
	在完成任务时遇到了哪些问题？是如何解决的？						
	1. 是否能够独立完成工作页的填写			□是	□否		
	2. 是否能按时上、下课，着装规范			□是	□否		
	3. 学习效果自评等级			□优	□良	□中	□差
	总结与反思：						
小组评价	1. 在小组讨论中能积极发言			□优	□良	□中	□差
	2. 能积极配合小组成员完成工作任务			□优	□良	□中	□差
	3. 在查找资料信息中的表现			□优	□良	□中	□差
	4. 能够清晰表达自己的观点			□优	□良	□中	□差
	5. 安全意识与规范意识			□优	□良	□中	□差
	6. 遵守课堂纪律			□优	□良	□中	□差
	7. 积极参与汇报展示			□优	□良	□中	□差
教师评价	综合评价等级：						
	评语：						
				教师签名：		年 月 日	

任务 3　自主导航与避障编程调试

任务概述

本任务是学习 ROS 的 Navigation 功能包，它是 ROS 提供的一套完整的导航方案，可以快速部署到智能机器人上实现导航功能。在本任务中，将使用 Castle-X 服务机器人实现移动定位（AMCL）以及自主导航功能。

任务要求

1. 了解 Navigation 导航方案的基本框架。
2. 了解 Navigation 的定位。
3. 了解遇到障碍后的恢复行为。
4. 掌握如何实现机器人的导航和避障。

任务准备

1. 检查机器人急停开关，若急停开关被按下，需要将其旋开。
2. 将机器人的键盘和鼠标以及手柄连接到机器人上，并检查连接是否正常。
3. 预习知识链接中的内容，了解 ROS 导航功能的实现框架，了解 amcl 定位功能，代价地图功能，路径规划功能的实现。

知识链接

一、Navigation stack 介绍

Navigation 是机器人最基本的功能之一，ROS 为用户提供了一整套 Navigation 的解决方案，包括全局与局部的路径规划（planner）、代价地图（costmap）、异常行为恢复（recovery）和地图服务器（map_server）等。这些开源工具包极大地减少了用户开发的工作量，任何一套移动机器人硬件平台经过这套方案就可以快速部署实现。

在 ROS 开源社区中提供了 Navigation stack 这个 metapackage（元功能包），让用户能够轻松地实现机器人导航。Navigation stack 元功能包需要输入里程计、传感器的消息，以及目标的位姿，然后输出用于控制机器人运动的速度信号。

Navigation stack 元功能包中又包含了很多功能包，如 amcl、base_local_planner、carrot_planner、costmap_2d、move_base 和 nav_core 等，具体的功能描述见表 6-3。

表 6-3 Navigation stack 元功能包的功能描述

包名称	功能
amcl	定位
fake_localization	定位（仿真）
map_server	保存和发布地图
move_base	路径规划节点
nav_core	路径规划的接口类，包括 base_local_planner、base_global_planner 和 recovery_behavior 三个接口
base_local_planner	实现了 Trajectory Rollout 和 DWA 两种局部规划算法
dwa_local_planner	重新实现动态窗口局部规划算法
parrot_planner	实现较简单的全局规划算法
navfn	实现 Dijkstra 和 A* 全局规划算法
global_planner	重新实现 Dijkstra 和 A* 全局规划算法
clear_costmap_recovery	实现清除代价地图的恢复行为
rotate_recovery	实现旋转的恢复行为
move_slow_and_clear	实现缓慢移动的恢复行为
costmap_2d	二维代价地图
voxel_grid	体素滤波器
robot_pose_ekf	机器人位姿的卡尔曼滤波

二、Navigation 的工作框架

Navigation 这么多的功能包是如何配合使用的呢？我们可以通过图 6-26 来理解。

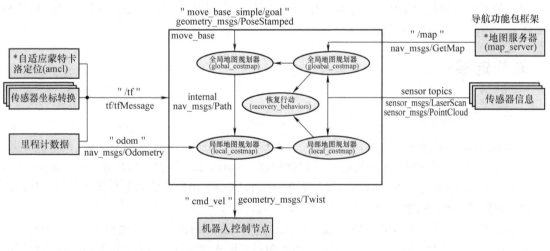

图 6-26 Navigation 工作框架

图 6-26 中，方框的内容根据机器人的不同会有所变化；带星号（*）的方框中的节点是可选的，但适用于所有系统；椭圆形的节点是必需的，但也为所有系统提供。

中间的方框表示的是 move_base 节点，可以理解为一个强大的路径规划器。在实际的导航任务中，用户只需启动这一个节点，给它提供数据，就可以规划出路径和速度。move_base 之所以能够做到路径规划，是因为它包含了很多的插件，图中 move_base 里的圆圈都是插件。这

些插件用于负责更加细微的一些任务：全局规划、局部规划、全局图、局部地图和恢复行为。关于 move_base，后面会进一步加以介绍，先来看看 move_base 的输入输出有哪些？

1. move_base 订阅的话题

1）/tf：需要提供的 tf 包括 map_frame、odom_frame、base_frame 以及机器人各关节之间完成的一棵 tf 树。

2）/odom：里程计信息。

3）/scan 或 /pointcloud：激光雷达或者点云信息，常用的是激光雷达信息。

4）/map：地图，可以由 SLAM 程序来提供，也可以由 map_server 来指定已知的地图。

以上四个 Topic 是必须持续提供给导航系统的，下面一个是可以随时发布的 Topic：

5）move_base_simple/goal：目标点位置。

2. move_base 发布的话题

1）/cmd_vel：geometry_msgs/Twist 类型，为每一时刻规划的速度信息。

2）Make_plan：nav_msgs/GetPlan 类型，请求为一个目标点，相应为规划的路径，但不执行该路径。

3）Clear_unknown_space：std_srvs/Empty 类型，允许用户清除未知区域地图。

4）Clear_costmaps：std_srvs/Empty 类型，允许用户清除代价地图上的障碍物。

三、move_base 节点

move_base 是 Navigation 中的核心节点。之所以称为核心，是因为它在导航中处于支配地位，其他功能包都是它的插件。nav_core 功能包定义的接口示意图如图 6-27 所示。nav_core 定义了在 move_base 中的三种插件的接口，分别是全局路径规划器接口、局部路径规划器接口、恢复行为接口。只要继承了这些接口的插件，就可以很方便地配置到 move_base 中并加以使用。下面介绍一下 navigation stack 功能包中的插件。

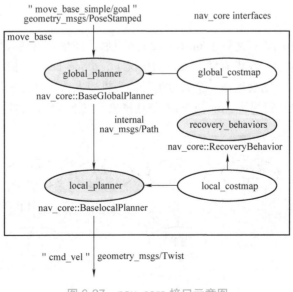

图 6-27　nav_core 接口示意图

1. BaseGlobalPlanner

Nav_core：:BaseGlobalPlanner 支持供导航中全局路径规划使用的接口，Move_base 节点中使用的所有全局路径规划器插件都必须继承这个接口，Navigation Stack 中的全局地图规划器插件有：

1）Parrot_planner：实现了较简单的全局规划算法。

2）Navfn：实现了 Dijkstra 和 A* 全局规划算法。

3）Global_glanner：重新实现了 Dijkstra 和 A* 全局算法，可以看作 navfn 的改进版。

2. BaselocalPlanner

Nav_core：:BaselocalPlanner 支持供导航中局部路径规划使用的接口，Move_base 节点中使用的所有局部规划器插件都必须继承这个接口，Navigation Stack 中的局部地图规划器插件有：

1）Base_local_planner：实现了 Trajectory Rollout 和 DWA 两种局部规划算法。

2）Dwa_local_planner：实现了 DWA 局部规划算法，可以看作 base_local_planner 的改进版。

3. RecoveryBehavior

Nav_core：:RecoveryBehavior 支持导航中修复机制接口，Move_base 节点中使用的所有修复机制插件都必须继承这个接口，Navigation Stack 中的修复机制插件有：

1）Clear_costmap_revcovery：实现了清除代价地图的恢复行为。

2）Rotate_recovery：实现了旋转的恢复行为。

3）Move_slow_and_clear：实现了缓慢移动的恢复行为。

这三种插件都需要在 move_base 的配置文件加以指定，否则系统会指定默认值。除了以上三个需要指定的插件外，还有一个 costmap（代价地图）插件，包括 global_costmap 和 local_costmap。该插件已经选择好，默认为 costmap_2d，无法更改；但是可以在 costmap_2d 设置不同的 Layer（图层）。

四、恢复行为

当在机器人上正确配置和运行了 move_base 节点后，如果给机器人指定一个目标点，机器人就会尝试到达目标位置。在没有动态障碍的情况下，move_base 会控制机器人在容错值允许的范围内到达目标点，否则会返回一个失败信号。当机器人认为自己卡住时，机器人可以选择性地执行恢复行为。默认情况下，move_base 节点将执行以下操作以摆脱困境，如图 6-28 所示。

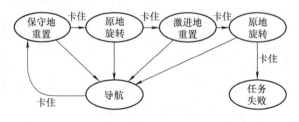

图 6-28　恢复行为

1）move_base 将会清扫地图，将用户指定区域（在参数中设置）之外的障碍都加以清除，再尝试规划路径。

2）机器人会在原地转圈来搞清楚自己此时的处境，尝试重新规划路径。

3）如果再次失败，机器人将会更加激进地清扫地图，move_base 会将机器人旋转范围以外的所有障碍清除，再尝试规划路径。

4）再进行一次原地旋转，重新扫描障碍并尝试规划路径。如果以上某一步规划成功了，机器人就会导航到目标点；如果以上所有步骤都失败了，机器人可能会考虑它的目标达不到了并通知用户任务失败。

五、AMCL 功能包介绍

AMCL（Adaptive Mentcarto Localization），蒙特卡洛自适应定位是一种很常用的定位算法，它通过比较检测到的障碍物和已知的地图来进行定位。将机器人放在真实环境中时，并不能准确认知其具体的位置，使用里程计估计位置时也可能出现误差，所以需要使用 AMCL 算法来定位。

AMCL 上的通信架构如图 6-29 所示，与之前的 SLAM 的架构很像。最主要的区别是 /map 作为输入，而不是输出。因为 AMCL 算法只负责定位，不负责建图。

AMCL

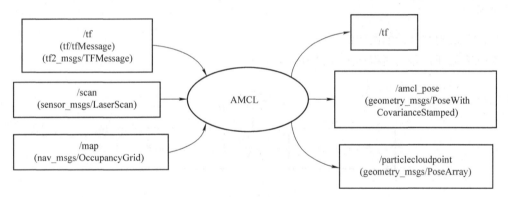

图 6-29　AMCL 上的通信架构

1. AMCL 订阅的话题

1）/tf（tf/tfMessage）：坐标转换。

2）/scan（sensor_msgs/LaserScan）：激光数据。

3）/initialpose（geometry_msgs/PoseWithCovarianceStamped）：初始位置和均值和方差。

4）/map（nav_msgs/OccupancyGrid）：地图信息。

2. AMCL 发布的话题

1）/amcl_pose（geometry_msgs/PoseWithCovarianceStamped）：机器人在地图中的位姿估计，包括估计方差。

2）/particlecloudpoint（geometry_msgs/PoseArray）：滤波器估计的位置。

3）/tf（tf/tfMessage）：发布从 odom 到 map 的转换关系。

3. AMCL 的服务

1）Global_localization（std_srvs/Empty）：初始化全局定位，所有粒子完全随机分布在地上。

2）Request_nomotion_update（std_srvs/Empty）：手动更新粒子并发布更新后的粒子。

3）Static_map（nav_msgs/GetMap）：AMCL 调用此服务接收地图，用以基于激光扫描的定位。

4. AMCL 定位过程

使用 AMCL 算法的时候，首先在空间中撒很多的"粒子"，这些粒子代表机器人可能在空间中的位置和方向，然后机器人移动时，每隔一定的距离 AMCL 算法会根据订阅到的地图数据配合激光扫描特征，将明显不符合的"粒子"给筛选掉，剩下的部分粒子就更加接近机器人的实体位置了。经过多次移动机器人位置后，粒子滤波获取最佳定位点。该点称为 Mp（point on map），它是相对于地图 map 上的坐标而言的，也就是 base_link 相对 map 上的坐标，如图 6-30 所示。

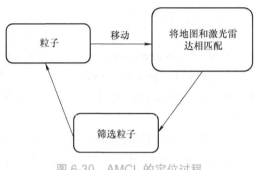

图 6-30　AMCL 的定位过程

5. AMCL 对里程计的误差修正

AMCL 修正误差的流程如图 6-31 所示。

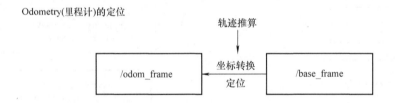

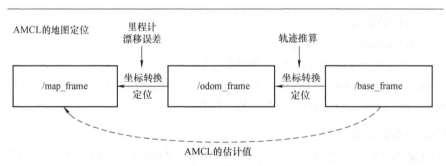

图 6-31　AMCL 修正误差的流程

AMCL 定位会对里程计误差进行修正。修正的方法是，把里程计误差加到 map_frame 和 odom_frame 之间，而 odom_frame 和 base_frame 之间是里程计的测量值，这个测量值不会被修正。这一工程的实现与之前的 gmapping 的做法是相同的。

任务内容

一、AMCL 定位实验

在机器人进行自主导航时，定位、导航、避障这三个行为是同时进行的；但是为了更好地认识各个行为的作用，在实验中可以将这些行为拆分开来进行实验。

1. 编写用于启动各个节点的 launch 文件

在 ~/castlex_nav/launch 路径下创建一个新的文件，命名为 castlex_amcl.launch，将以下内容添加到文件中，并保存文件。新建一个终端，输入以下命令：

```
$ roscd castlex_nav/launch
$ gedit castlex_amcl.launch
<launch>
<!--  启动 castle-x 机器人 -->
<include file="$(find castlex_stm32_bridge)/launch/castlex_stm32_bridge.
launch" />
<!--  启动手柄 joy -->
<include file="$(find castlex_control)/launch/castle_teleop_joy. launch" />
<!--  启动 rplidar 激光雷达 -->
<include file="$(file rplidar_ros)/launch/rplidar_slam.launch" />
<!--  启动 amcl 节点 -->
<include file="$(file castlex_nav)/launch/amcl.launch" />
<!--  启动 rviz -->
<node name="rviz" pkg="rviz" type="rviz" args="-d $(find castlex_rviz)/
rviz/amcl.rviz" />
</launch>
```

注意，<node name=" map_server " pkg=" map_server " type=" map_server " args= " $(arg map_file) " /> 中的 $(arg map_file) 换成保存的地图的文件。例如：~/save_map/lab.yaml。

2. 启动 ROS_MASTER 节点

打开终端窗口，并输入以下命令：

```
## 启动 ROS_MASTER 节点
roscore
```

3. 启动 launch 文件

再打开一个新终端，并输入以下命令：

```
## 启动 castlex_amcl.launch 文件
roslaunch castlex_nav castlex_amcl.launch
```

Rviz 启动后的画面如图 6-32 所示。

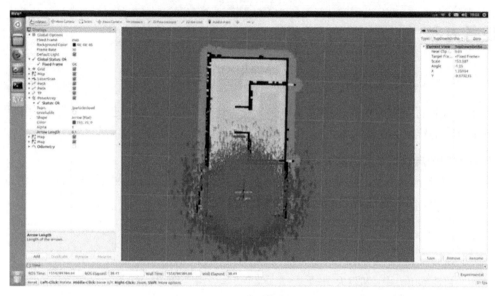

图 6-32　AMCL 测试

　　但是，机器人的实际位置和方向与 Rviz 中显示的位置是不一样的，激光雷达扫描出来的障碍也不能和导入的地图相重合。此时要先分辨出实际机器人在地图中对应的位置，然后将地图中的机器人设定到该位置上。

4. 匹配机器人位置

　　由于粒子数量太多，影响机器人与地图位置的匹配，此时应先把 Rviz 的左侧 Display（显示）区域中的 PoseArray（组件名称）的勾选取消。然后，单击 Rviz 上方功能栏中的 "2D pose Estimate"（二维姿态估计），在实际机器人与地图上对应的位置按下鼠标左键，待图中出现绿色的箭头，再将绿色的箭头与实际机器人在地图中的实际朝向对齐，放开鼠标左键，如图 6-33 所示。

图 6-33　匹配机器人位置

但是，此时激光雷达障碍检测的红点和机器人的方向与在地图中还可能有一些偏差，红点的角度和位置没有与地图的深色边缘对齐。

5. 启动手柄遥控节点

勾选 Rviz 左侧 Display 区域中的"PoseArray"选项。这时使用手柄遥控机器人移动，移动一段距离后再看 Rviz 中的显示，会发现绿色小箭头的方向与机器人的方向逐渐趋于相同，而且绿色小箭头的范围在慢慢缩小。在多次移动后，可以发现地图中的绿色小箭头都集中到了机器人的底下，方向与机器人的正方向相同，激光雷达检测到的边缘也已经和导入的地图的深色边缘对齐了。

二、导航避障实验

1. 编写用于启动各个节点的 launch 文件

```
<launch>

<!--  启动 castle-x 机器人 -->
<include file="$(find castlex_stm32_bridge)/launch/castlex_stm32_bridge.launch" />

<!--  启动手柄 joy -->
<include file="$(find castlex_control)/launch/castle_teleop_joy. launch" />

<!--  启动 rplidar 激光雷达 -->
<include file="$(file rplidar_ros)/launch/rplidar_A2.launch" />

<!--  启动 move_base 节点 -->
<include file="$(file castlex_nav)/launch/move_base.launch" />

<!--  启动 amcl 节点 -->
<include file="$(file castlex_nav)/launch/amcl.launch" />

<!--  启动 rviz -->
<node name="rviz" pkg="rviz" type="rviz" args="-d $(find castlex_rviz)/rviz/nav.rviz" />

</launch>
```

2. 启动 ROS_MASTER 节点
打开终端窗口，并输入以下命令：

```
## 启动 ROS_MASTER 节点
$ roscore
```

3. 启动 castlex_amcl.launch
再打开一个新终端，并输入以下命令：

```
## 启动 castlex_amcl.launch 文件
$ roslaunch castlex_nav castlex_amcl.launch
```

4. 设定机器人的位置

首先进行粗略地定位，单击 Rviz 上方功能栏中的"2D pose Estimate"，然后在实际机器人与地图上对应的位置按下鼠标左键，待图中出现绿色的箭头，再将绿色的箭头与实际机器人在地图中的实际朝向对齐，放开鼠标左键，如图 6-34 所示。

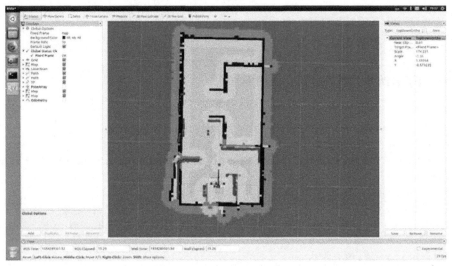

图 6-34　设定机器人位置

5. 导航

单击 Rviz 界面上的 2D Nav Goal（二维导航目标），然后在地图上选取一个可行的位置按下鼠标左键并拖动箭头指向想要的方向，再释放鼠标。如果目标位置是可以到达的，机器人将会自主导航到该位置，如图 6-35 所示。

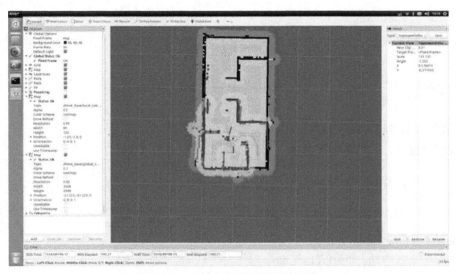

图 6-35　机器人规划出路径并移动

结果汇报

1.各小组完成任务的各个步骤，并接受检查。

2.各小组完成任务后进行总结，然后关闭机器人的上位机及电源，清洁自己的工位并归还机器人配套的键盘、鼠标、控制器等设备。

思考题

1.在导航过程中，如果你站在导航的路线上，机器人会如何规划路径呢？

2.如果目标点不可到达，机器人会如何反应？

3.在进行导航时显示的两条线中，哪条是局部路径，哪条是全局路径呢？它们有什么区别呢？

任务评价

通过以上学习，根据任务实施过程，将完成任务情况记录在下表中，并完成任务评价。

班级		姓名		学号		日期	年　月　日
学习任务名称：							
自我评价	1.是否能理解 navigation 工作框架			□是　　□否			
	2.是否能理解 AMCL 定位原理			□是　　□否			
	3.是否能完成 AMCL 定位实验			□是　　□否			
	4.是否能完成导航避障实验			□是　　□否			
	在完成任务时遇到了哪些问题？是如何解决的？						
	1.是否能够独立完成工作页的填写			□是　　□否			
	2.是否能按时上、下课，着装规范			□是　　□否			
	3.学习效果自评等级			□优　　□良　　□中　　□差			
	总结与反思：						
小组评价	1.在小组讨论中能积极发言			□优　□良　□中　□差			
	2.能积极配合小组成员完成工作任务			□优　□良　□中　□差			
	3.在查找资料信息中的表现			□优　□良　□中　□差			
	4.能够清晰表达自己的观点			□优　□良　□中　□差			
	5.安全意识与规范意识			□优　□良　□中　□差			
	6.遵守课堂纪律			□优　□良　□中　□差			
	7.积极参与汇报展示			□优　□良　□中　□差			
教师评价	综合评价等级： 评语：						
				教师签名：　　　　　　年　月　日			

机械臂的控制与调试

机械臂相当于人的"双手",可以辅助机器人在环境中实现不同物体的搬运。通过加入机械臂,实现机器人的智能化应用场景的搭建,并赋能机器人,实现空间中物体的移动,满足人的不同应用需求。

任务1 使用键盘控制机械臂

任务概述

本任务学习使用键盘来控制 Castle-X 机器人上配备的机械臂,以及机械臂的两种坐标系建系方式和键盘控制的控制流程。

任务要求

1. 了解 Castle-X 配套机械臂的基本控制过程。
2. 理解机械臂的笛卡儿坐标系的作用。
3. 理解机械臂末端对于机械臂控制的重要性。

任务准备

1. 检查机械臂电源、数据线的连接是否正确。
2. 预习知识链接中的内容,了解机械臂的坐标系建系方式。
3. 了解机械臂的 ROS 节点如何控制机械臂。

知识链接

一、机械臂的自由度

机械臂一般可以抽象成为杆和关节,通过转动关节或者伸缩杆的长度实现机械臂末端位置和姿态的改变。机械臂的每一个自由度是由独立驱动关节来实现的，在应用中，关节自由度可以理解为机械臂的运动灵活性。

人从肩部到手指共有 27 个自由度，但要将机械臂做成与人手一样多的自由度是困难的且不必要的。一般的专用机械臂只有 2~4 个自由度，而通用型机械臂多数为 3~6 个自由度。

二、理解机械臂关节坐标系与笛卡儿坐标系

Dobot Magician 的坐标系可分为关节坐标系和笛卡儿坐标系，分别如图 7-1 和图 7-2 所示。

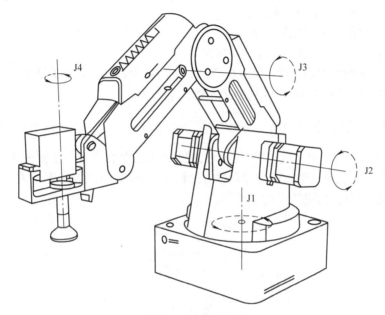

图 7-1　关节坐标系

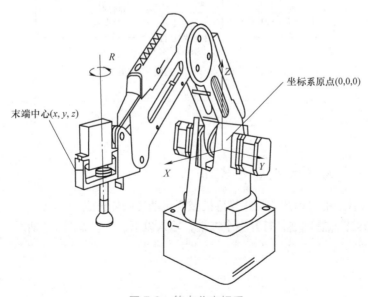

图 7-2　笛卡儿坐标系

关节坐标系：以各运动关节为参照确定的坐标系。

1）若 Dobot Magician（机械臂型号）未安装末端套件，则包含三个关节——J1、J2、J3，且均为旋转关节，逆时针为正。

2）若 Dobot Magician（机械臂型号）安装带舵机的末端套件，如吸盘和夹爪套件，则包含四个关节——J1、J2、J3 和 J4，均为旋转关节，逆时针为正。

笛卡儿坐标系：以机械臂底座为参照确定的坐标系。

坐标系原点为大臂、小臂以及底座三个电动机三轴的交点。

1）X 轴方向垂直于固定底座向前。

2）Y 轴方向垂直于固定底座向左。

3）Z 轴符合右手定则，垂直向上为正方向。

4）R 轴为末端舵机中心相对于原点的姿态，逆时针为正。当安装了带舵机的末端套件时，才存在 R 轴。R 轴坐标为 $J1$ 轴和 $J4$ 轴坐标之和。

三、了解键盘控制机械臂功能包 Castle-X

配套机械臂的键盘控制功能包用于控制机械臂末端（吸盘位置）在笛卡儿坐标系下运动。类似键盘控制机器人底盘运动，通过键盘按键使机械臂末端分别往前、后、左、右、上、下运动。键盘控制相关节点关系图如图 7-3 所示。

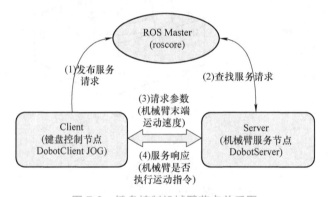

图 7-3　键盘控制机械臂节点关系图

任务内容

一、启动机械臂与机械臂节点

1）按下机械臂上的启动开关，并等待机械臂自动初始化完成。

2）运行 ROS 节点管理器，打开一个终端，输入以下命令，如图 7-4 所示。

```
$ roscore
```

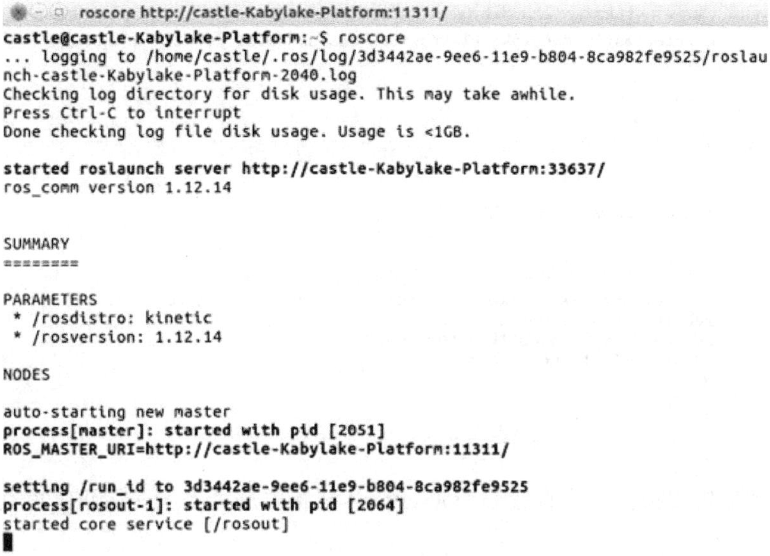

图 7-4　启动 ROS 节点管理器

3）开启 dobot（机械臂）的服务器节点与下位机通信，打开新的终端窗口，输入以下指令：

```
$ rosrun dobot DobotServer dobot
```

值得一提的是，该指令最后的"dobot"是 Castle-X 机械臂对应的串口名。由于 Castle-X 出厂时已提前配置好其静态串口名，因此默认为"dobot"，如图 7-5 所示。

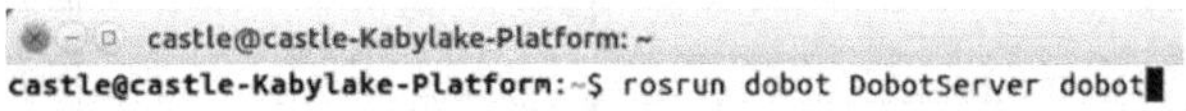

图 7-5　开启 dobot 服务器节点

正常连接后，终端窗口显示如图 7-6 所示。

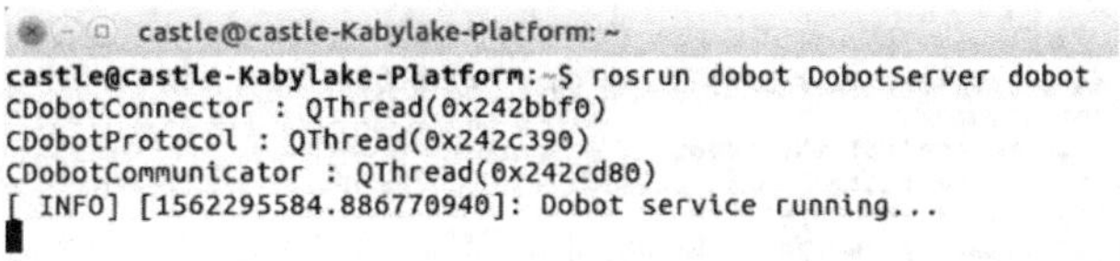

图 7-6　dobot 服务器节点启动成功

若出现警告或报错，应检查机械臂是否已通电启动。

二、使用键盘控制机械臂末端运动

1）运行 dobot 的键盘控制节点程序，打开新的终端窗口，输入指令启动键盘控制节点程序，如图 7-7 所示。

```
$ rosrun dobot DobotClient_JOG
```

```
castle@castle-Kabylake-Platform: ~
castle@castle-Kabylake-Platform:~$ rosrun dobot DobotClient_JOG
```

图 7-7 启动键盘控制节点

节点启动成功时，终端窗口显示如图 7-8 所示。

```
castle@castle-Kabylake-Platform: ~
castle@castle-Kabylake-Platform:~$ rosrun dobot DobotClient_JOG
Reading from keyboard
Use WASD keys to control the robot
Press Shift to move faster
```

图 7-8 键盘控制节点运行成功

若终端出现警告或报错，应查看 DobotServer（机械臂服务器）是否正常启动。若没有，则重复步骤 1。

2）根据表 7-1，按下键盘按键，机械臂末端会对应按键运动，且终端窗口显示如图 7-9 所示。

表 7-1 按键对照

按 键	对应机械臂末端动作
W	向前
S	向后
A	向左
D	向右
U	向上
I	向下
J	末端逆时针旋转（需要安装末端舵机）
K	末端顺时针旋转（需要安装末端舵机）
Shift	运动加速
其他按键	停止

```
castle@castle-Kabylake-Platform: ~
castle@castle-Kabylake-Platform:~$ rosrun dobot DobotClient_JOG
Reading from keyboard
Use WASD keys to control the robot
Press Shift to move faster
[ INFO] [1562295724.249259267]: W
[ INFO] [1562295724.257917226]: Result:0
[ INFO] [1562295725.122771303]: J
[ INFO] [1562295725.133860222]: Result:0
[ INFO] [1562295727.552793472]: S
[ INFO] [1562295727.563696319]: Result:0
[ INFO] [1562295729.048376910]: K
[ INFO] [1562295729.052971872]: Result:0
[ INFO] [1562295730.082333262]: U
[ INFO] [1562295730.090936707]: Result:0
[ INFO] [1562295731.840882402]: K
[ INFO] [1562295731.852591299]: Result:0
[ INFO] [1562295733.370964556]: U
[ INFO] [1562295733.378709346]: Result:0
[ INFO] [1562295734.778611146]: J
[ INFO] [1562295734.787036449]: Result:0
```

图 7-9 键盘控制测试

结果汇报

1.各小组完成任务的各个步骤，并接受检查。

2.各小组完成任务后进行总结，然后关闭机器人的上位机及电源，清洁自己的工位并归还机器人配套的键盘、鼠标、控制器等设备。

思考题

1.Dobot 机械臂各个关节的驱动电动机属于什么电动机？

2.机械臂的自由度是指什么？

3.机械臂实际的控制对象是三个关节的电动机转角及其角速度，它们是关节坐标系下的矢量；但是键盘控制时，控制对象是机械臂末端的平移距离及其速度，它们是笛卡儿直角坐标系下的矢量。那么，机械臂控制器是如何实现从关节坐标系到笛卡儿直角坐标系下变换的呢？

任务评价

通过以上学习，根据任务实施过程，将完成任务情况记录在下表中，并完成任务评价。

班级		姓名		学号		日期	年　月　日		
学习任务名称：									
自我评价	1.是否能理解机械臂关节坐标系			□是　　□否					
	2.是否能理解机械臂笛卡儿坐标系			□是　　□否					
	3.是否能正常启动机械臂服务器节点			□是　　□否					
	4.是否能完成机械臂控制测试			□是　　□否					
	在完成任务时遇到了哪些问题？是如何解决的？								
	1.是否能够独立完成工作页的填写			□是　　□否					
	2.是否能按时上、下课，着装规范			□是　　□否					
	3.学习效果自评等级			□优　　□良　　□中　　□差					
	总结与反思：								
小组评价	1.在小组讨论中能积极发言			□优　　□良　　□中　　□差					
	2.能积极配合小组成员完成工作任务			□优　　□良　　□中　　□差					
	3.在查找资料信息中的表现			□优　　□良　　□中　　□差					
	4.能够清晰表达自己的观点			□优　　□良　　□中　　□差					
	5.安全意识与规范意识			□优　　□良　　□中　　□差					
	6.遵守课堂纪律			□优　　□良　　□中　　□差					
	7.积极参与汇报展示			□优　　□良　　□中　　□差					
教师评价	综合评价等级： 评语： 　　　　　　　　　　　　　　　　　　教师签名：　　　　　　年　月　日								

机械臂点到点运动的实现与调试

任务概述

本任务是学习在程序中控制机械臂完成点到点的自动控制，以及程序控制机械臂移动的意义和控制流程。本任务实现了机械臂在四个点之间的点到点运动。

任务要求

1. 了解 Castle-X 配套机械臂的基本控制过程。
2. 理解机械臂的笛卡儿坐标系的作用。
3. 理解机械臂末端对于机械臂控制的重要性。

任务准备

1. 检查机械臂电源、数据线的连接是否正确。
2. 预习知识链接中的内容，掌握机械臂点到点运动的实现方法。

知识链接

理解控制机械臂点到点运动的实际意义：

假设机械臂有如下任务：机械臂需要从 A 号工位搬运红色方块，将其放置到 B 号工位，完成任务后机械臂恢复初始姿态，如此循环该任务。机械臂抓取方块如图 7-10 所示。

很显然，该任务存在一个点到点运动的过程。机械臂的工作流程如图 7-11 所示。

图 7-10   机械臂抓取方块   图 7-11   机械臂工作流程

了解机械臂点到点运动功能包，Castle-X 配套机械臂的键盘控制功能包用于控制机械臂末端（吸盘位置）。

在笛卡儿坐标系下沿着几个预设的位置点依次运动，实现机械臂末端点到点的依次运动。

任务内容

实现机械臂点到点运动：

1）启动 ROS master（机器人操作系统管理器）节点。新建一个终端，输入以下命令，如图 7-12 所示。

```
$ roscore
```

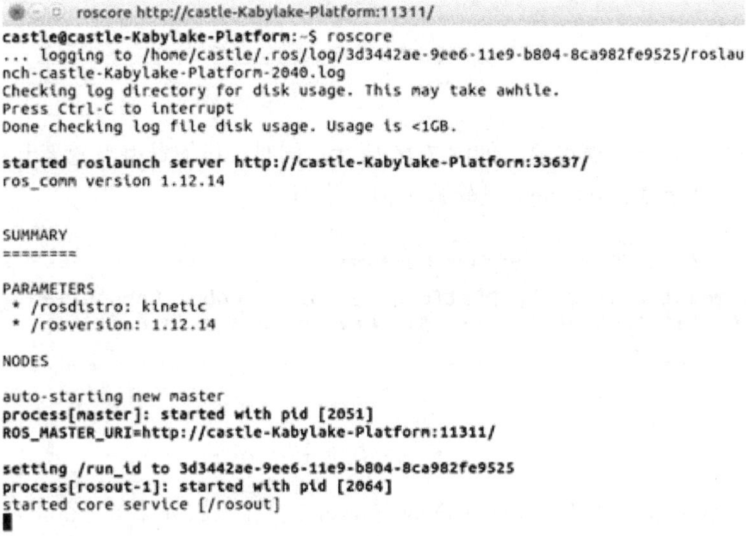

```
roscore http://castle-Kabylake-Platform:11311/

castle@castle-Kabylake-Platform:~$ roscore
... logging to /home/castle/.ros/log/3d3442ae-9ee6-11e9-b804-8ca982fe9525/roslau
nch-castle-Kabylake-Platform-2040.log
Checking log directory for disk usage. This may take awhile.
Press Ctrl-C to interrupt
Done checking log file disk usage. Usage is <1GB.

started roslaunch server http://castle-Kabylake-Platform:33637/
ros_comm version 1.12.14


SUMMARY
========

PARAMETERS
 * /rosdistro: kinetic
 * /rosversion: 1.12.14

NODES

auto-starting new master
process[master]: started with pid [2051]
ROS_MASTER_URI=http://castle-Kabylake-Platform:11311/

setting /run_id to 3d3442ae-9ee6-11e9-b804-8ca982fe9525
process[rosout-1]: started with pid [2064]
started core service [/rosout]
```

图 7-12 roscore 启动

2）新建一个终端，开启 dobot 的服务器节点与下位机通信，打开新的终端窗口，输入指令：

```
$ rosrun dobot DobotServer dobot
```

值得一提的是，该指令最后的"dobot"是 Castle-X 机械臂对应的串口名。由于 Castle-X 出厂时已提前配置好其静态串口名，因此默认为"dobot"，如图 7-13 所示。

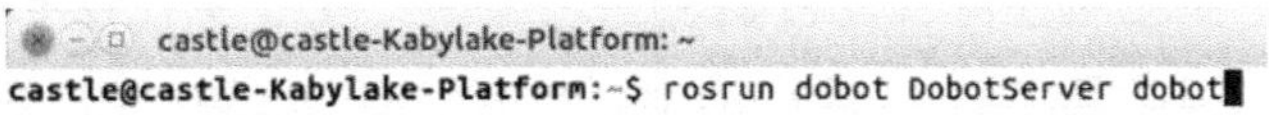

```
castle@castle-Kabylake-Platform: ~
castle@castle-Kabylake-Platform:~$ rosrun dobot DobotServer dobot
```

图 7-13 启动 dobot 服务器

正常连接后，终端窗口显示如图 7-14 所示。

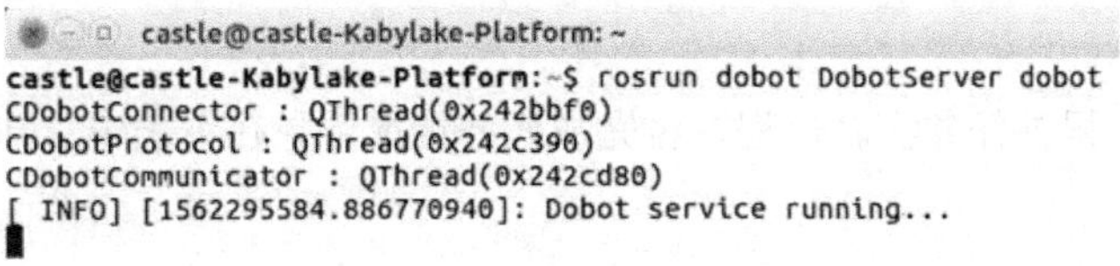

```
castle@castle-Kabylake-Platform: ~
castle@castle-Kabylake-Platform:~$ rosrun dobot DobotServer dobot
CDobotConnector : QThread(0x242bbf0)
CDobotProtocol : QThread(0x242c390)
CDobotCommunicator : QThread(0x242cd80)
[ INFO] [1562295584.886770940]: Dobot service running...
```

图 7-14 服务器启动成功

若出现警告或报错，请检查机械臂是否已通电启动。

3）运行 dobot 的键盘控制节点程序，打开新的终端窗口，输入指令，启动机械臂点到点运动程序，如图 7-15 所示。

```
$ rosrun dobot DobotClient_PTP
```

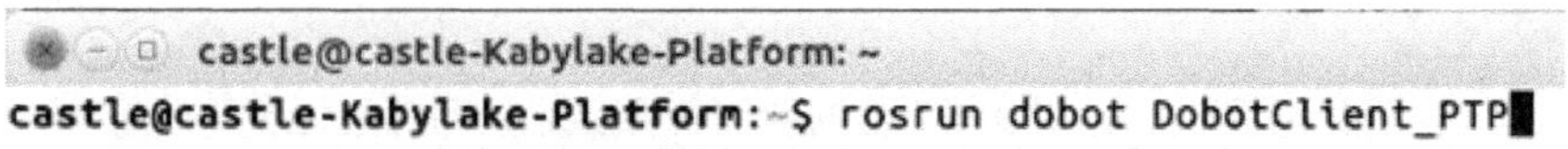

图 7-15　机械臂点到点运动程序

节点启动成功时，终端窗口显示如图 7-16 所示。同时，机械臂将沿着笛卡儿直角坐标系下的四个点循环往复地运动，其空间运动轨迹类似一个矩形。

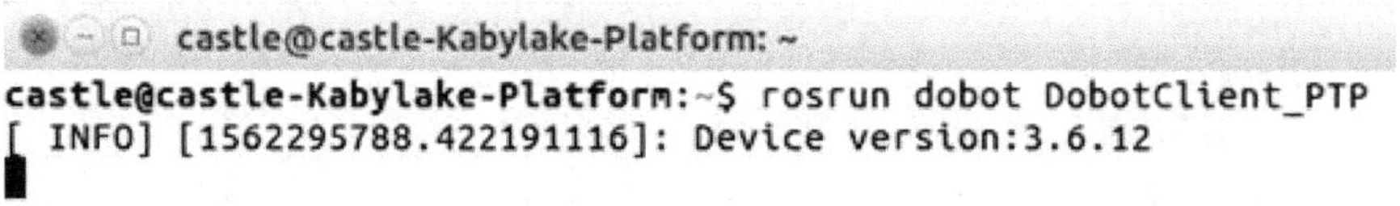

图 7-16　机械臂点到点运动程序

4）若终端出现警告或报错，应查看 DobotServer（机器人服务器）是否正常启动。若没有，则重复步骤 3）。

📖 结果汇报

1. 各小组完成任务的各个步骤，并接受检查。

2. 各小组完成任务后进行总结，然后关闭机器人的上位机及电源，清洁自己的工位并归还机器人配套的键盘、鼠标、控制器等设备。

✔ 思考题

1. 为什么机械臂控制过程中，选用笛卡儿直角坐标系作为参考坐标，而不是关节坐标系？

2. 怎么定义机械臂的关节数？ Castle-X 配套的机械臂有多少个关节？又有多少个自由度呢？

✍ 任务评价

通过以上学习，根据任务实施过程，将完成任务情况记录在下表中，并完成任务评价。

班级		姓名		学号		日期	年 月 日

	学习任务名称：					
自我评价	1. 是否能理解机械臂点到点运动的实际意义	□是	□否			
	2. 是否能理解机械臂点到点运动流程	□是	□否			
	3. 是否能正常启动机械臂服务器节点	□是	□否			
	4. 是否能完成机械臂点到点控制测试	□是	□否			
	在完成任务时遇到了哪些问题？是如何解决的？					
	1. 是否能够独立完成工作页的填写	□是	□否			
	2. 是否能按时上、下课，着装规范	□是	□否			
	3. 学习效果自评等级	□优	□良	□中	□差	
	总结与反思：					
小组评价	1. 在小组讨论中能积极发言	□优	□良	□中	□差	
	2. 能积极配合小组成员完成工作任务	□优	□良	□中	□差	
	3. 在查找资料信息中的表现	□优	□良	□中	□差	
	4. 能够清晰表达自己的观点	□优	□良	□中	□差	
	5. 安全意识与规范意识	□优	□良	□中	□差	
	6. 遵守课堂纪律	□优	□良	□中	□差	
	7. 积极参与汇报展示	□优	□良	□中	□差	
教师评价	综合评价等级： 评语： 教师签名：　　　　　　年　月　日					

任务 3　物体抓取位置识别调试

📝 任务概述

本任务将结合机械臂控制以及项目 3 中的图像智能检测和处理技术，实现机械臂识别并抓取特点颜色的物体；学习物体抓取位置的识别方式和程序流程。

👉 任务要求

了解 OpenCV（开放源代码计算机视觉库）基本的使用，可以通过 OpenCV 进行物体的识别及对物体的抓取位置坐标的获取。

任务准备

1. 检查机械臂连接、机械臂上的摄像头连接是否正确。

2. 预习知识链接中的内容，了解如何使用 OpenCV 库处理图像并进行物体的位置识别。

知识链接

首先利用 OpenCV 的库函数 cv2.cvtColor（函数命令）将图像从 RGB（色彩模式）格式转换成 HSV（颜色模式）；设置各种颜色的 HSV 阈值范围，使用 OpenCV 的库函数 cv2.bitwise_and（函数命令）获取颜色的区域并设置为 1（白色），其他区域设置为 0（黑色）；将区域进行二值化处理，获取轮廓和轮廓 4 个顶点的坐标，最后通过计算获取轮廓的中心点坐标。

程序框图如图 7-17 所示。

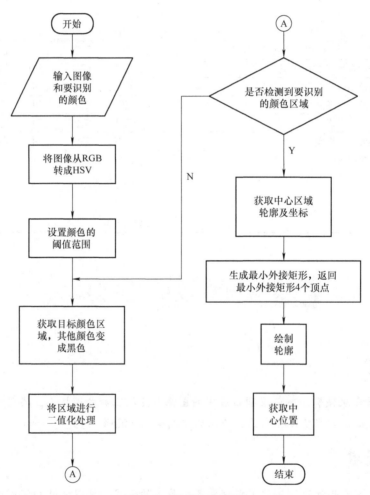

图 7-17　物体识别框图

任务内容

实现物体抓取位置的识别：

1）启动机械臂末端摄像头节点。新建一个终端，输入下面命令行：

```
$ roslaunch usb_cam usb_cam-test.launch
```

2）启动物体识别节点，另外新建一个新终端，输入以下物体识别节点命令：

```
$ rosrun object_detect object_test.py
```

相机直接获取的图像如图 7-18 所示。

图 7-18　相机获取的图像（未处理）

3）处理图像，识别深色的区域，效果如图 7-19 所示。

图 7-19　识别深色物体

4）处理图像，识别物体的轮廓，图像如图 7-20 所示。

图 7-20　识别物体轮廓

5）执行 opencv_detect_without_ros.py 文件，查看物体抓取位置的识别结果。新建一个终端，依次输入以下命令：

```
$ roscd object_detect/scripts
$ python opencv_detect_without_ros.py
```

识别结果如图 7-21 所示。

```
castle@castle-Kabylake-Platform:~/cbot/src/object_detect/scripts$ python opencv_detect_without_ros.py
(281, 264)
[[208 348]
 [195 195]
 [355 180]
 [368 333]]
(281, 264)
[[206 347]
 [194 194]
 [356 182]
 [368 334]]
(281, 264)
[[209 349]
 [194 195]
 [353 179]
 [369 334]]
(281, 264)
[[209 349]
 [194 195]
 [354 180]
 [369 334]]
(281, 264)
[[207 348]
 [194 195]
 [355 181]
 [368 334]]
(281, 264)
[[206 347]
 [194 194]
 [356 181]
 [368 334]]
```

图 7-21　识别结果

返回的是识别到的物体中心在图像中的像素点坐标以及轮廓的最小外接矩形 4 个角点的坐标。

📖 **结果汇报**

1. 各小组完成任务的各个步骤，并接受检查。

2. 各小组完成任务后进行总结，然后关闭机器人的上位机及电源，清洁自己的工位并归还机器人配套的键盘、鼠标、控制器等设备。

✔ 思 考 题

如果把 HSV 换成 RGB 颜色识别，效果会怎么样？

任务评价

通过以上学习，根据任务实施过程，将完成任务情况记录在下表中，并完成任务评价。

班级		姓名		学号		日期	年 月 日		
学习任务名称：									
自我评价	1. 是否能理解物体位置识别的原理		□是　　□否						
	2. 是否能完成指定颜色物体的轮廓提取		□是　　□否						
	在完成任务时遇到了哪些问题？是如何解决的？								
	1. 是否能够独立完成工作页的填写		□是　　□否						
	2. 是否能按时上、下课，着装规范		□是　　□否						
	3. 学习效果自评等级		□优　　□良　　□中　　□差						
	总结与反思：								
小组评价	1. 在小组讨论中能积极发言		□优　　□良　　□中　　□差						
	2. 能积极配合小组成员完成工作任务		□优　　□良　　□中　　□差						
	3. 在查找资料信息中的表现		□优　　□良　　□中　　□差						
	4. 能够清晰表达自己的观点		□优　　□良　　□中　　□差						
	5. 安全意识与规范意识		□优　　□良　　□中　　□差						
	6. 遵守课堂纪律		□优　　□良　　□中　　□差						
	7. 积极参与汇报展示		□优　　□良　　□中　　□差						
教师评价	综合评价等级： 评语： 　　　　　　　　　　　　　　　　　　教师签名：　　　　　　年　月　日								

任务 4　机械臂的抓取控制与调试

任务概述

　　本任务将结合机械臂控制以及项目 3 中的图像智能检测和处理技术，实现机械臂识别并抓取特点颜色的物体；学习机械臂与物体相对坐标的计算以及机械臂抓取物体的程序流程。

 任务要求

了解 dobot 机械臂的使用，熟悉归零操作，可以结合本项目任务二进行物体的抓取。

任务准备

1. 检查机械臂连接、机械臂上的摄像头连接、机械臂上的气管连接是否正确。
2. 预习知识链接中的内容，了解机械臂归零的作用。
3. 掌握机械臂坐标系的建系方法。

知识链接

机械臂的笛卡儿坐标系参见图 7-22。

Castle-X 机器人配备的机械臂在末端执行器加上了相机，坐标系的建系如图 7-22 所示。

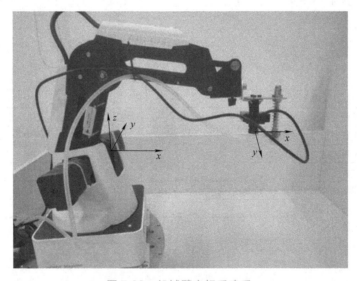

图 7-22　机械臂坐标系建系

根据图 7-22 所示坐标系，假设识别出的物体在相机中的像素坐标是 (s_x, s_y)，因为相机的像素中心坐标为（319.5，239.5），通过获取像素距离与实际距离之间的比值（这里计算数值为 4.6314px/mm），相机与吸盘的距离为 32.2mm，初始化的位置相对于基坐标为 240mm，则计算公式如下：

$$\begin{cases} x = (s_x - 319.5)/4.6314 - 32.2 + 240 \\ y = (239.5 - s_y)/4.6314 \end{cases}$$

程序框图如图 7-23 所示。

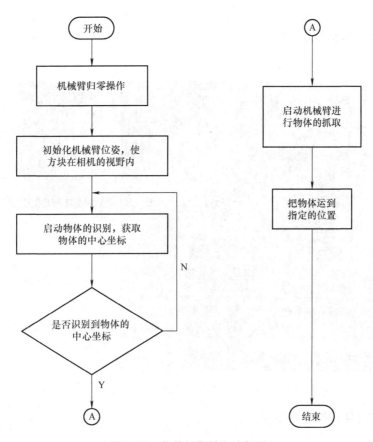

图 7-23　物体抓取的程序框图

任务内容

使用机械臂抓取物体：

1）启动 ROS master 节点，新建一个终端，输入下面命令行：

```
$ roscore
```

2）启动机械臂的服务器节点，打开一个新终端，输入以下命令：

```
$ rosrun dobot DobotServer dobot
```

3）初始化机械臂的位置，打开一个新终端，输入以下命令：

```
$ rosrun dobot Dobot_object_fin
```

4）启动物体识别，打开一个终端，输入以下命令：

```
$ roslaunch object_detect object.launch
```

实验结果如图 7-24 所示。

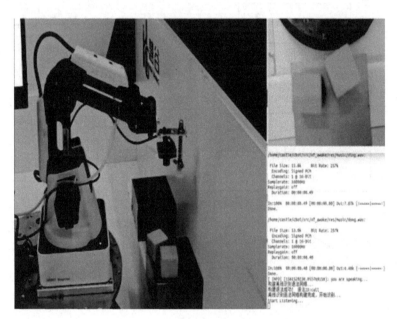

图 7-24　机械臂初始化并识别物体

机械臂抓取物体，如图 7-25 所示。

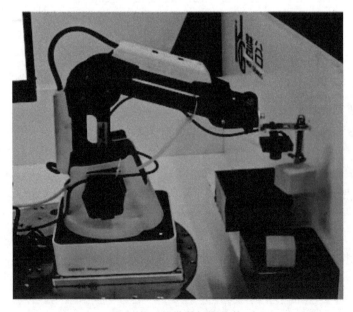

图 7-25　机械臂抓取物体

📖 结果汇报

1.各小组完成任务的各个步骤，并接受检查。

2.各小组完成任务后进行总结，然后关闭机器人的上位机及电源，清洁自己的工位并归还机器人配套的键盘、鼠标、控制器等设备。

✔ 思 考 题

测试不同视野下的抓取精度，如果出现抓取不理想的情况，思考为什么会这样。

✍ 任务评价

通过以上学习，根据任务实施过程，将完成任务情况记录在下表中，并完成任务评价。

班级		姓名		学号		日期	年 月 日
学习任务名称：							

自我评价	1.是否能理解物体与机械臂基座相对位置的计算	□是　　□否			
	2.是否能理解机械臂抓取物体的流程	□是　　□否			
	3.是否能完成物体的抓取	□是　　□否			
	在完成任务时遇到了哪些问题？是如何解决的？				
	1.是否能够独立完成工作页的填写	□是　　□否			
	2.是否能按时上、下课，着装规范	□是　　□否			
	3.学习效果自评等级	□优　□良　□中　□差			
	总结与反思：				
小组评价	1.在小组讨论中能积极发言	□优	□良	□中	□差
	2.能积极配合小组成员完成工作任务	□优	□良	□中	□差
	3.在查找资料信息中的表现	□优	□良	□中	□差
	4.能够清晰表达自己的观点	□优	□良	□中	□差
	5.安全意识与规范意识	□优	□良	□中	□差
	6.遵守课堂纪律	□优	□良	□中	□差
	7.积极参与汇报展示	□优	□良	□中	□差
教师评价	综合评价等级： 评语： 教师签名：　　　　　年 月 日				

参考文献

[1] 肖南峰. 服务机器人 [M]. 北京：清华大学出版社，2013.

[2] 戈贝尔. ROS 入门实例 [M]. 罗哈斯，刘柯汕，彭也益，等译. 广州：中山大学出版社，2016.

[3] 胡春旭. ROS 机器人开发实践 [M]. 北京：机械工业出版社，2018.

[4] 朗坦·约瑟夫. ROS 机器人项目开发 11 例 [M]. 张瑞雷，刘锦涛，林远山，等译. 北京：机械工业出版社，2018.

[5] 朗坦·约瑟夫，乔纳森·卡卡切. 精通 ROS 机器人编程 [M]. 张新宇，张志杰，等译. 北京：机械工业出版社，2019.